中国地质大学(武汉)实验教学系列教材
中国地质大学(武汉)本科教学工程项目资助
中国地质大学(武汉)实验技术研究项目资助

电法勘探实验指导书(上)

DIANFA KANTAN SHIYAN ZHIDAOSHU (SHANG)

张 莹 张文波 编著

 中国地质大学出版社
ZHONGGUO DIZHI DAXUE CHUBANSHE

图书在版编目(CIP)数据

电法勘探实验指导书.上/张莹,张文波编著.—武汉:中国地质大学出版社,2019.3
中国地质大学(武汉)实验教学系列教材

ISBN 978-7-5625-4484-5

Ⅰ.①电…

Ⅱ.①张… ②张…

Ⅲ.①电法勘探-实验-高等学校-教学参考资料

Ⅳ.①P631.3-33

中国版本图书馆 CIP 数据核字(2019)第 043283 号

电法勘探实验指导书(上)		张 莹 张文波 编著
责任编辑:王 敏		责任校对:徐蕾蕾
出版发行:中国地质大学出版社(武汉市洪山区鲁磨路388号)		邮政编码:430074
电 话:(027)67883511	传 真:67883580	E-mail:cbb@cug.edu.cn
经 销:全国新华书店		http://cugp.cug.edu.cn
开本:787毫米×1 092毫米 1/16	字数:200千字	印张:7.75
版次:2019年3月第1版	印次:2019年3月第1次印刷	
印刷:武汉市籍缘印刷厂	印数:1—500册	
ISBN 978-7-5625-4484-5		定价:28.00

如有印装质量问题请与印刷厂联系调换

中国地质大学（武汉）实验教学系列教材

编委会名单

主　任：刘勇胜

副主任：徐四平　殷坤龙

编委会成员：（按姓氏笔画排序）

文国军　朱红涛　祁士华　毕克成　刘良辉

阮一帆　肖建忠　陈　刚　张冬梅　吴　柯

杨　喆　金　星　周　俊　章军锋　龚　健

梁　志　董元兴　程永进　窦　斌　潘　雄

选题策划：

毕克成　李国昌　张晓红　赵颖弘　王凤林

前　言

《电法勘探实验指导书(上)》是中国地质大学(武汉)地球物理与空间信息学院实验中心系列实践教学教材之一。本实验指导书适用于勘查技术与工程、地球物理学、资源勘查工程等相关本科专业的教学实验,同时也可供相关人员的专业技能培训使用。

"电法勘探"是一门实践性很强的课程,仅仅有课堂上的理论教学,学生尚不能完全对概念、理论进行理解和消化吸收。而通过实践性的教学环节——实验课,可以加深学生对理论知识的理解,同时可以锻炼学生分析问题、解决问题的能力。因此,实验教学是课堂教学的延续和补充,是"电法勘探"课程学习不可或缺的重要组成部分。

本实验指导书根据理论教学中的相关内容和实际科研与生产需要设置了有关内容,共安排了 12 个实(试)验,包括直流电法常用装置的 6 个实验、高密度电阻率法的 3 个实验、激发极化法的 3 个实验。在设置的实践性教学环境中,包括物理模拟和数值模拟内容,既有室内水槽的物理模拟,又有室外的场地实验。

每个实验,首先简述实验方法的原理,然后详细介绍实验方法、技术及需要注意的有关问题,在实验后提出了若干思考题,引导学生更深入思考实验中出现的问题。希望初学者借助本实验指导书就能大胆地走进实验室,自己动手实验,获取实测数据并能对所获取的数据进行简单的定性分析;倡导学生通过独立思考自己设计新的实验,完善原有的实验,验证在理论学习中遇到的一些难以理解的问题。

在本实验指导书的编写过程中,编者主要参考了潘玉玲教授、李振宇教授、许顺芳高级工程师等早年编写的电法勘探实验讲义及部分兄弟院校的实验讲义。全书由张莹和张文波合作完成。

本实验指导书中数据处理软件使用了瑞典 Geotomo Software 公司的试用版软件及师学明教授编写的数据预处理软件。

本实验指导书的出版得到中国地质大学(武汉)实验室与设备管理处和教务处的鼎力支持,在此表示诚挚的谢意。同时向提供教材参考资料的所有作者表示衷心的感谢。特别感谢潘玉玲教授在炎热的酷暑季节于百忙之中审阅了本书的初稿,提出了 10 余条修改意见和建议。

因作者水平所限,本指导书不足之处在所难免,敬请读者批评指正。

编者
2018 年 5 月

目 录

导　论 ……………………………………………………………………………… (1)
实验一　常用电阻率法仪器认识及水电阻率测定 ………………………………… (4)
实验二　电阻率联合剖面法水槽模型实验 ………………………………………… (13)
实验三　复合对称四极剖面法水槽模型实验 ……………………………………… (19)
实验四　电阻率对称四极测深法水槽模型实验 …………………………………… (24)
实验五　电阻率对称四极测深场地实验 …………………………………………… (29)
实验六　岩石样品电阻率测量实验 ………………………………………………… (33)
实验七　时间域激发极化法中梯装置水槽模型实验 ……………………………… (37)
实验八　双频激电法中梯装置场地实验 …………………………………………… (46)
实验九　高密度电阻率法仪器认识实验 …………………………………………… (55)
实验十　高密度电阻率法场地实验 ………………………………………………… (65)
实验十一　高密度电阻率法实验数据传输与处理 ………………………………… (72)
实验十二　电阻率对称四极测深一维正反演实验 ………………………………… (84)
附录一　DDC-8电子自动补偿(电阻率)仪使用说明 …………………………… (90)
附录二　DUK-2使用说明 ………………………………………………………… (96)
附录三　电阻率法室外场地实验技术规定 ………………………………………… (110)
主要参考文献 ……………………………………………………………………… (116)

导 论

一、电法勘探实验的意义

实验是人们认识自然和进行科学研究的一种重要手段。科学实验作为一项相对独立的实践活动,它和生产活动一样是科学理论的源泉,也是检验科学理论真理性的标准。"电法勘探"是一门实践性很强的课程。对于一个应用地球物理工作者,掌握好电法勘探实验的基本理论、基本技能,无论是对其理论知识的深入学习、理解,还是对其电法勘探的应用及研究都是十分重要的。

二、电法勘探中常用的物理模拟方法的模拟准则

电法勘探研究的对象是被探测的目标地质体,而在实验室内不能对研究对象进行直接实验,这就需要先设计一个与所研究的自然现象或过程相似的模型,然后通过对模型的实验和观测,间接地了解被研究的现象或过程的实质。这里的模型是模拟被研究对象而设计出来的理想替代物。

模拟实验是用模型来代替被研究对象,实验手段(仪器、设备等)直接作用于模型而不直接作用于原型。人们通过观测模型而间接地认识原型。模拟实验由实验者、实验手段、实验模型构成,通过实验来认识、研究客观原型的实质。

电法实验常常用水、空气、沙土、导电纸等模拟均匀大地介质,而用环氧树脂、有机玻璃等组成各种形状的高阻模型,用铜、石墨、铁等制作各种良导体或高极化率的模型。

相似性原理是模拟实验的基本准则,在电法勘探中,所谓"相似性"原理是指所用模型和装置的几何参数及模型的电性参数与实际条件下的诸参数之间应保持一定的比例关系,能使模型或模拟实验的结果与实际结果相吻合。

在传导类电法中(激电法中的面极化情况除外)存在着比较简单的"相似性"关系,即模型与实际原型之间的几何参数(形状、大小、埋深)的关系与电性参数(电阻率 ρ、极化率 η)的关系是彼此独立的,并且各自是线性的。

第一,如果在制作和安置模型时,保持实验地电断面和观测装置的长度比例关系一致,即统一缩小 l 倍 $(0<l<\infty)$,则模型实验所测得的视参数(视电阻率 ρ_s、视极化率 η_s 等)将与实际条件的对应参数值相同。

第二,如果在制作模型时,保持地电断面各部分之间的电性参数的比例关系一致,即统一地改变 D 倍 $(0<D<\infty)$,则模型实验所测得的相对视电性参数($\dfrac{\rho_s}{\rho_1}$、$\dfrac{\eta_s}{\eta_1}$ 等,这里 ρ_1 和 η_1 表示地电断面中围岩的真电阻率和真极化率),将与实际条件下的对应参数值相同。

第三,如果同时将实际地电断面和装置的长度缩小 l 倍,电性参数改变 D 倍来构建模型,则所测得的相对视电性参数仍保持不变。

在感应类电法勘探中,相似性原理还要考虑更多的因素。当位移电流可以忽略不计时,谐变场的模拟条件为:

$$\sigma\mu\omega = \frac{1}{l^2}\sigma_m\mu_m\omega_m$$

式中:σ、μ、ω 为电导率、磁导率和圆频率;l 为模型的缩小倍数;带下角标 m 的参数为模型参数。对无磁性导体($\mu = \mu_m$)采用相同工作频率($\omega_m = \omega$)时则有:

$$\sigma_m = l^2\sigma$$

在时间域忽略位移电流时可推出:

$$\frac{\sigma\mu l^2}{t} = \text{const}(\text{常数})$$

式中:t 为取样时间。

在电子计算飞速发展的今天,简单的正、反演问题采用数值模拟有效率高、成本低的优点,而物理模拟在复杂形体时更显示出它的特点,且可作为验证数值模拟的有效手段。

三、电法勘探中常用的物理模拟方法

传导类电法勘探中常用的物理模拟方法中有水槽模型实验方法、土(沙)槽模型实验方法、导电纸模拟实验方法、薄水层模型实验方法。感应类电法勘探中有在空气介质中的模型实验方法。此外,还有电网络模拟等方法。

物理模拟经常使用的有以下几种方法。

1. 水槽模型实验

水槽模型实验是常用的一种实验方法,主要用来解决三维的问题。在水槽实验中,通常用水作为均匀介质来模拟均匀围岩。模拟引起异常的地质体时,用金属或石墨模拟 $\rho = 0$ 或低阻的各种形状的良导体;用环氧树脂、有机玻璃等模拟 $\rho = \infty$ 的绝缘体;有限电阻率地质体则用石墨、金属粉加水泥等制作而成。

水槽模型实验方法的特点是:作为围岩的水是均匀的;作为地面的水面是水平的;作为异常体的所有参数(如埋深、走向、规模大小)是已知的。因而,在均匀各向同性的半无限介质中存在有良导体或非良导体的实验是很合适的。

2. 土槽模型实验

土槽模型实验可用于研究三维空间中场的分布,特别是需要构筑地形起伏时,可以用土槽模型实验替代水槽模型实验。

3. 导电纸模拟实验

导电纸模拟实验是用于二维地电断面模拟实验的一种简便易行的方法。所模拟的都是二维地电断面和地形,同样的所模拟的供电场源也是二维的(线电源或面电源)。

导电纸上的一个点代表垂直于导电纸的无限长的一条线;导电纸上的一条线代表垂直导

电纸的无限长的一个面；导电纸上一块有限面积代表垂直导电纸走向无限长的一个柱体；导电纸上的一个点电极，实质上为一个无限长的线电极。模拟 $\rho=\infty$ 不导电矿体时，可在矿体位置处将导电纸截面挖空即可；模拟 $\rho=0$ 的良导矿体时，用锡箔纸或铜片压在预定的位置上即可；模拟有限电阻率时，可用导电纸叠层的方法即可。

4. 薄水层模拟实验

薄水层模拟实验与导电纸模拟实验类同，亦为模拟二维地电断面的一种方法。

四、对实验课的要求及规定

(1) 遵守实验室的相关规章制度，树立严谨的科学作风。

(2) 明确每次实验课的目的，掌握相应的实验方法原理和实验技能。在动手做实验时，应勤于思考，在培养自己动手能力的同时注意做到理论和实践的结合，培养自己独立解决问题的能力。

(3) 用铅笔正确记录实验观察数据，学会分析产生观测误差的原因及处理方法。

(4) 各小组成员间要团结互助、密切配合，实验过程中要注意人身及仪器设备的安全。

(5) 认真整理实测数据并按要求编写实验报告。

(6) 实验室在工作时间对全体学生开放，希望学生勤动手，多动脑，多提出自己的设想并将之应用于实验研究中。

(7) 对编写实验报告的要求：

① 实验报告是对实验的整个过程进行分析、记录及讨论的一篇科学论文，撰写实验报告的过程也是一种很重要的学习，因此实验报告不仅仅是记录，更要展示实验小组合作工作的整体成果。

② 实验报告包含实验名称、实验目的、实验仪器、实验原理、实验步骤、实验数据、数据分析及讨论、体会与建议 8 个部分。

③ 文字部分要求简明扼要、文理通顺、字迹端正、图表清晰、结论正确、分析合理、讨论力求深入。

④ 图件部分要求图像清晰、坐标系明确并标注单位。

⑤ 实验中手写的原始数据及手绘的原始图件要求附在实验报告中。

实验一　常用电阻率法仪器认识及水电阻率测定

一、实验目的

(1)了解常用电阻率法仪器的基本原理及使用方法。
(2)基本掌握 DDC-8 电子自动补偿(电阻率)仪的使用方法。
(3)学习测定水电阻率的对称四极法。
(4)初步了解水槽模型实验技术。

二、实验仪器及材料准备

DDC-8 电子自动补偿(电阻率)仪 1 台,直流电源箱 1 个,铜电极 4 根,带鳄鱼夹导线 4 根,带孔直尺(每厘米 1 个孔)1 把,木槽板 1 根,记录纸 1 张,砂纸 1 张,铅笔,橡皮。

三、实验方法原理

在直流电法工作中,为建立地下电场,总是需要两个接地的供电电极 A 和 B,电流从 A 极输入地下,又通过 B 极从地下流出,形成闭合电路。当两电极的入土(水)深度比电极与观测点的距离小得多时,可以把这两个电极看成两个"点",所以它们被称为点电源。如果我们着眼于研究某一个电极周围的电场,可以将另一个电极置于很远,以至在研究范围内其影响可忽略不计,置于很远的这个电极称为无穷远极。这时研究范围内的电场就是一个点电源的电场(图 1-1),否则,就叫两个点电源的电场。

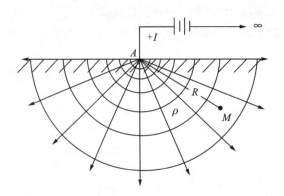

图 1-1　一个点电流源在均匀半空间的电场分布示意图

一个点电流源电场在任一点 M 的电位 U、电流密度 J 和电场强度 E 都正比于点源的电流 I。

$$U = \frac{I\rho}{2\pi r} \text{ 或 } \rho = 2\pi r \frac{U}{I}$$

$$E = \frac{U}{r} = \frac{I\rho}{2\pi r^2}; \quad J = \frac{I}{2\pi r^2}$$

上式表明：电位 U 与距离 r 成反比，而电流密度 J 和电场强度 E 则与 r 的平方成反比。在地下半空间中等位面是以点源为中心的一系列同心半球面。电流密度 J 的方向与矢径 R 的方向一致，处处与等位面正交。在点源附近电位衰减较快，随着远离源点衰减变慢。

一对异性点电源电场(图 1-2)任一点 M 的电位 U 是其在 A 点电源电场时的电位 $U_M^A = \frac{I\rho}{2\pi} \cdot \frac{1}{AM}$ 和在 B 点电源电场的电位 $U_M^B = -\frac{I\rho}{2\pi} \cdot \frac{1}{BM}$ 的标量和，即：

$$U_M^{AB} = U_M^A + U_M^B = \frac{I\rho}{2\pi} \cdot \left(\frac{1}{AM} - \frac{1}{BM}\right)$$

式中：AM、BM 分别为 M 点到 A、B 供电点的距离。电场强度 E 是 E^A 和 E^B 的矢量和，即：

$$E = E^A + E^B = \frac{I\rho}{2\pi} \cdot \left(\frac{1}{AM^2} \cdot \frac{\vec{AM}}{AM} + \frac{1}{BM^2} \cdot \frac{\vec{BM}}{BM}\right)$$

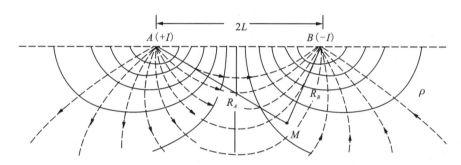

图 1-2 异性点电源在均匀半空间电场分布示意图

上述讨论的情况是在地形水平、地下仅有单一的均匀各向同性介质(图 1-3a)。然而实际上地下岩石的导电性往往是不均匀的且地形亦不是水平的，因此有必要进一步讨论非均匀条件下地中电流场分布的情况。如图 1-3 所示，图 1-3b 中由于存在低阻体，低阻体吸引电流线，使电流线向低阻体靠拢并远离地面，原本均匀的电场产生了畸变。图 1-3c 中由于存在高阻体，高阻体排斥电流线，因此电流线被挤向相对低阻的岩层中通过，所以电流线向地面或地下弯曲，此时电场因高阻体的存在而产生畸变。这种由于地下介质的不均匀而引起的电场改变，我们可以通过地面上的测量电极进行观测，然后按照公式(1-1)，计算得到在 AB 供电形成的电场有效作用范围内各种地质体电阻率的综合影响值，称之为视电阻率(ρ_s)。

$$\rho_s = \frac{2\pi}{\frac{1}{AM} - \frac{1}{AN} - \frac{1}{BM} + \frac{1}{BN}} \cdot \frac{\Delta U_{MN}}{I} \tag{1-1}$$

式中：AM、AN、BM、BN 分别为电极之间的距离，I 为供电电极 A、B 的供电电流，ΔU_{MN} 为测量电极 MN 之间的电位差。

令

$$K = \frac{2\pi}{\frac{1}{AM} - \frac{1}{AN} - \frac{1}{BM} + \frac{1}{BN}} \quad (1-2)$$

K 称为装置系数，为无量纲单位。

则

$$\rho_s = K \frac{\Delta U_{MN}}{I} \quad (1-3)$$

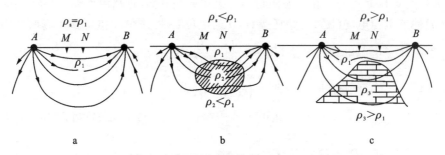

图1-3　电流通过不同介质时的电场分布示意图
a. 均匀岩石；b. 围岩中赋存良导矿体；c. 围岩中赋存高阻岩体

再次分析图1-3可知，当电流通过电阻率为 ρ_1 的均匀半空间时（图1-3a），测得的视电阻率 $\rho_s = \rho_1$；当电流通过赋存有电阻率 $\rho_2 < \rho_1$ 低阻体的半空间时，测得的视电阻率 $\rho_s < \rho_1$；当电流通过赋存有电阻率 $\rho_3 > \rho_1$ 高阻体的半空间时，测得的视电阻率 $\rho_s > \rho_1$。

在实验室中，我们通常用水槽来进行物理模拟，其中用水代替均匀介质，水面即为地面，水下则为地下均匀半空间，通过仪器观测可以方便地研究电场的分布情况。

四、实验步骤

（一）水槽物理模拟实验室简介

水槽物理模拟实验室为一个三开间的教室，面积约 63m²，室内共有6个小水槽，每个水槽外观尺寸均为 1.7m×1.4m，水深 1.6m 左右，每个水槽都可以悬挂不同材质和形状的模型以模拟不同的野外地质情况（图1-4）。

实验室现有高阻板、高阻背斜、高阻球、低阻脉、低阻铜砖、低有限电阻石墨砖等多种类型的模型可供学生在实验课中选择。

实验室使用的仪器主要为 DDC-8、SC-3Q、DZD-A 等直流电法仪器。

学生进入实验室后需仔细阅读实验室墙壁上悬挂的各项规章制度及相关的说明展板，初步了解实验室的主要作用和功能，同时对实验室中需要注意的事项有一个基础的认知。

（二）DDC-8电子自动补偿（电阻率）仪简介及使用

DDC-8电子自动补偿（电阻率）仪，是重庆地质仪器厂研制的新一代直流电法仪器，工作时可直接显示所测得的参数值。该仪器广泛应用于固体矿产、能源、水文工程与环境的地质调查及工程地质勘探等，是目前国内地质及工程勘察部门常用的物探仪器之一。

图 1-4 水槽物理模拟实验室内景

1. 熟悉仪器面板(仪器具体细节参考附录一)

DDC-8电子自动补偿(电阻率)仪所有操作部分均位于面板上,面板由下列部分组成(图1-5、图1-6)。

图 1-5 DDC-8仪器面板图

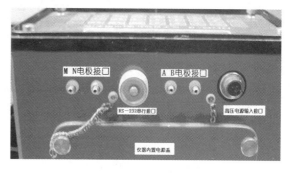

图 1-6 仪器侧面板接线柱示意图

(1)显示器为两行,每行为20个字符的点阵式液晶。

(2)26个键的键盘允许进行各种操作和数据输入,大致可分为数字输入区及功能区两大部分。数字输入区包含0～9共10个数、小数点及正负号,主要用来输入仪器测量所需的各种参数;功能区主要是用于各种功能的选择和设置。

2. 仪器侧面板介绍(图1-6)

(1)供电回路接线柱 A、B,对应主面板上的"AB"。

(2)测量回路接线柱 M、N,对应主面板上的"MN"。
(3)RS-232 串行接口,对应主面板上的"RS-232"。
(4)直流高压电源输入接口,对应主面板上的"HV"。

3. 检查仪器

(1)打开仪器上盖后,按"ON"键开机,当仪器显示屏出现"DDC-8"时,仪器自检通过,可以正常使用仪器。

(2)按"电池"键,检查仪器电池电压,当仪器电池电压小于 9.6V 时,请及时更换 8 节 1.5V 的一号电池。

(3)按"次数"键,设定供电次数为 1。供电次数的增加会延长数据采集的时间,可通过面板上的数字按键进行设定。

(4)按"时间"键,设定供电时间为 0.5s。供电时间决定了仪器每次按下"测量"键时的供电时间,可通过面板上的数字按键进行设定。

(三)水的电阻率测定

(1)将小组内的学生进行分工,分别为操作员、记录员、绘图员、跑极员及协调员。其中,操作员主要负责仪器的操作,如仪器接线的检查、仪器参数的设定、数据采集时的仪器操作、仪器测量结果的初步判断,根据测量结果决定是否上报记录员或重新采集及仪器故障时的排除等。

记录员主要负责记录采集参数及采集到的数据,在记录数据的同时将数据实时回报给操作员,由操作员再次核对数据的准确性,杜绝因人为失误造成的原始数据出错。

绘图员根据记录员记录的数据,现场在坐标纸上绘制草图,并根据绘制的草图大致判断采集过程中可能出现的问题。

跑极员主要负责按照预先设定的点距进行测点的移动、检查电极的状态、确定电极位置正确与否。

协调员主要负责协调跑极员与操作员的沟通,如跑极的时间及核对当前电极位置与实际测量的点位是否一致等。

组内学生分工协作,在一次完整实验过程中,所有学生尽可能熟悉所有分工的工作。

(2)小组内根据实验具体目的讨论需要采用的装置、装置的参数及点距,如果布设多条测线则需确定线距。

(3)将代表物探测线的木槽板放置在水槽中间。

(4)实验前打磨铜电极尤其是铜电极的尖头部分,确保其导电性良好。

(5)按照设计的极距,将铜电极安置在有孔的塑料直尺上,将直尺放置在木槽板里。

(6)检查铜电极和水面的接触情况,调整电极入水深度为 2~3mm,将铜电极用螺母固定在直尺上(直尺上、下面各用一个螺母固定铜电极),保证在观测过程中,铜电极不会晃动从而导致极距的变化(注意:在水槽实验中,因使用的极距都很小,铜电极的轻微晃动,都会导致观测数据的误差)。

(7)按照图 1-7 所示,用电缆连接好实验装置。

(8)再次检查电极、仪器之间的连线,确保连接方式是正确的。

(9)按下仪器的"ON"键,等待显示屏上出现"DDC-8"。

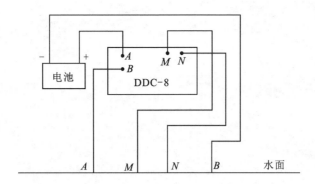

图 1-7 用对称四极装置测定水的电阻率实验布置图

(10) 按下仪器的"排列"键,通过"前进"键,选择测量装置为对称四极剖面(仪器上显示为 4P/PRFL)。

仪器共提供 9 种装置,分别如下:

3P/VES	三极测深
4P/VES	四极测深
5P/VES	五极测深
4P/PRFL	四极剖面(对称四极)
3P/PRFL	三极剖面(联合剖面)
RECTGL	中间梯度
DIPOLE	偶极-偶极
IP-BUR	井-地电法
K	输入 K 值(仅在所用到的观测装置不是仪器本身提供时,使用此设置)

注意:排列选择中没有"确认"键,屏幕上显示的测量方式即为所要使用的装置类型。

(11) 按下仪器的"极距"键,按照屏幕提示,依次输入 $AB/2$、$MN/2$ 的数值(注意:输入极距参数时单位为米),按前进键直到屏幕上出现 K_r(即装置系数 K),此时操作员将数据报给记录员,记录员在记录的同时回报给操作员,操作员根据记录员回报的数据再次核对仪器上的数值。

利用式(1-2)验算装置系数 K。

(12) 连接仪器 HV 电源线至电池箱的正负极,如果电池箱有开关,请打开电源开关。

(13) 按下"测量"键,经过几秒钟后,屏幕上出现两行数据(图 1-8),分别为"R_0""V"和"I"。其中:"R_0"对应的是测得的视电阻率值(单位:$\Omega \cdot m$);"V"(即 ΔU)对应测量电极 MN 之间的电位差(单位:mV);"I"对应供电电极 AB 之间的供电电流(单位:mA)。此时,仪器操作员检查 ΔU 和 I 的数值是否在正常范围内,如果 ΔU 和 I 的数值过小,请进行相应的检查。如果屏幕上出现"$R= **** \ I=0$",请检查电池箱的电源开关是否打开,如果电源开关是打开的,请检查电源的输出电压是否正常,如果上述都没有问题,请检查 AB 电极的电缆与仪器的接头处,检查是否有虚接等接触不良情况,若无继续检查供电电极 AB 与水面的接触情况,检查是否有电极悬空没有入水。排除所有问题后,再次测量,直到有正常的数据显示。

(14) 利用式(1-4)计算测得的视电阻率值。

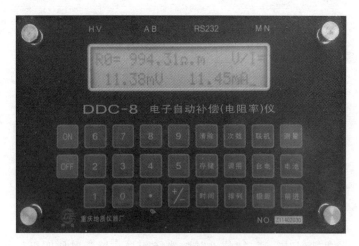

图 1-8 DDC-8 测量结果显示图

$$\rho_{水} = k \frac{\Delta U_{MN}}{I_{AB}} \tag{1-4}$$

(15)再次按下"测量"键,读取第二组数据,求取视电阻率值与上一组数据的相对误差。若相对误差小于 3%(野外工作时,可适当放宽至 5%)则可认为此次数据是一个有效测量数据,操作员将测量结果(含电位差、供电电流及视电阻率)分别报给记录员,填写在相应的记录表格中。如果第二组数据和上一组数据的重复误差不满足要求,则应该再次重复观测,直到重复误差满足要求。当多次观测都不能满足精度要求时,应停止观测,排查可能的原因,如仪器自带电池电量过低、水槽中的水在流动、电极固定不好有晃动等多种因素。

(16)重复上一步的操作,按照测量 4 次舍弃 1 个值或测量 7 次舍弃 2 个值的方式多次测量并记录,最终求取测量结果的平均值即水的电阻率。

(17)关闭电源开关,关闭仪器开关,整理导线、铜电极、直尺并摆放整齐,注意培养良好的科学实验的习惯。

五、注意问题

(1)工作前,应检查直流电源箱的电压,防止数据采集过程中出现电流过低而无法排除故障的情况。

(2)实验前先用细砂纸将铜电极打磨光亮。

(3)电极入水宜在 2～3mm 之间。

(4)电极之间距离要量准。

(5)开机后,如屏幕无反应,应检查仪器电池盒,仪器在保存期间会卸除电池以防损坏。

(6)严禁将直流高压(HV)、A、B、M、N 相互混接。

(7)要等待到极差较稳时再供电测量。

(8)记录员在记录数据的同时回报操作员的读数。

(9)操作员除完成操作任务外,还负责组织协调本组的实验工作。

(10)绘图员在绘制草图时,应注意比例尺的选择,既要能突出异常,又要兼顾草图整体的美观。

六、实验要求

(1)每人观测一次以上 $\rho_水$,全组取 $\rho_水 = \frac{1}{n}\sum_{i=1}^{n}\rho_{水n}$ 作为本组水槽中水的电阻率值。式中:n 为观测次数;$\rho_{水n}$ 为每位学生的 $\rho_水$ 的观测值。

(2)测量一条完整的剖面数据,观察测得的数值随测点位置变化的改变,研究水槽壁对观测数据的影响。

(3)改变 AB、MN 的极距大小,重新观测,分析讨论观测数据与改变极距前的变化。

(4)每人编写一份实验报告。

七、思考题

(1)每次观测结果不完全相同的原因何在?如何正确测定 $\rho_水$?
(2)为什么电极入水不能太深?
(3)为什么要求电极要固定在直尺上,不能晃动?
(4)如果用不同的排列方式,相同的极距测得的视电阻率值是否一样?
(5)如果用相同的排列方式,不同的极距测得的视电阻率值是否一样?
(6)同样是水,不同的水槽测得水的视电阻率值是否一样?
(7)装置参数如何选定?为什么?
(8)电极靠近水槽边与电极位于水槽中心时,所测得的视电阻率值有何差异?如果有差异,请分析产生差异的原因。
(9)体会与建议。

附：记录表格

水电阻率测量记录表

日期：_____ 地点：_____ 测线号：_____
$AO=BO=$ _____ m $MN=$ _____ m $K=$ _____ m

测点位置	AM (m)	AN (m)	BM (m)	BN (m)	K (m)	ΔU_{MN} (mV)	I_{AB} (mA)	$\rho_水$ ($\Omega\cdot m$)	备注

班　级：_____ 仪器型号：_____
操作员：_____ 记　录　员：_____

实验二　电阻率联合剖面法水槽模型实验

一、实验目的

(1) 掌握电阻率联合剖面法水槽模型实验的工作布置及观测方法。
(2) 了解联合剖面法视电阻率曲线特征。
(3) 了解联合剖面法视电阻率曲线低阻正交点的含义。

二、实验仪器及材料准备

悬挂低阻脉状体模型的水槽 1 个，DDC-8 电子自动补偿(电阻率)仪 1 台，铜电极 5 根，带鳄鱼夹导线 5 根，带孔直尺(每厘米 1 个孔) 1 把，木槽板 1 根，直流电源箱 1 个，砂纸 1 张，记录纸及厘米纸，铅笔，橡皮。

三、实验方法原理

电阻率联合剖面法装置(图 2-1)是由两个对称的三极装置联合组成，故称联合剖面装置。其中，电源负极接到置于"无穷远"处的 C 极，正极可分别接至供电电极 A 极或 B 极。在测量时，无穷远 C 极固定不动，保持 AMNB 电极距不变，4 个电极沿测线同时移动，逐点进行测量，测点为测量电极 M、N 的中点 O。每个测点测量两次，分别为 AC 电极供电得到 ρ_s^A 和 BC 电极供电得到 ρ_s^B 值。由于 C 极为无穷远极，它在 O 处产生的电位很小，故可忽略不计。因此，电阻率联合剖面法的电场可视为一个"点电源"的电场。在实际工作中"无穷远"是个相对概念，通常当 C 极沿测线方向布设时，OC 的距离大于 10 倍的 OA 距离，而当 C 极垂直于测线方向布设时，OC 的距离大于 5 倍的 OA，即可认为 C 极处于"无穷远"。在水槽实验中，因极距都是厘米级，无穷远通常放置在水槽壁附近或水槽底部。

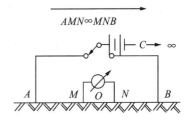

图 2-1　电阻率联合剖面法装置示意图

联合剖面法具有分辨率高、异常明显的特点，广泛应用于水文地质和工程地质调查中，是常用的方法。联合剖面法装置特点是：(1) $AO=OB$，$OC>5OA$；(2) A、M、N、B 电极位置必须从小号点到大号点，其装置系数 K 计算公式如式(2-1)所示，其视电阻率计算公式如式(2-2)所示。

$$K_A = K_B = 2\pi \cdot \frac{AM \cdot AN}{MN} \tag{2-1}$$

$$\rho_s^A = K_A \cdot \frac{\Delta U_{MN}^A}{I}, \rho_s^B = K_B \cdot \frac{\Delta U_{MN}^B}{I} \qquad (2-2)$$

通过对直立良导薄脉上的联合剖面法视电阻率曲线(图2-2)的分析可以得知：

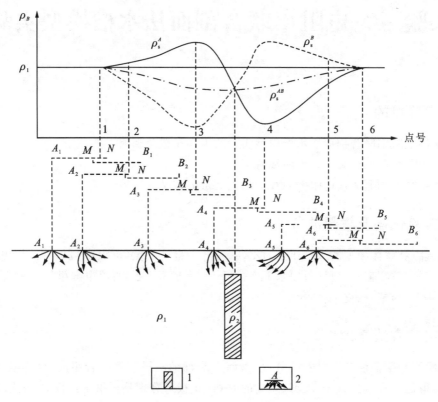

图2-2 联合剖面法在良导薄脉上的视电阻率曲线
1.良导薄脉；2.A电极的电流线(示意图)

当电极AMN在良导脉左侧且与之相距较远时，由于良导脉对电流的畸变作用较小，因此$j_{AMN}=j_{A_0}$，$\rho_s^A=\rho_1$(见图2-2横坐标的1号点上方的ρ_s^A曲线)。

当AMN电极沿测线向良导脉接近时，良导脉吸引电流，使电流线偏向MN电极一侧，造成MN电极处的电流密度增大，即$j_{AMN}>j_{A_0}$，故$\rho_s^A>\rho_1$，ρ_s曲线上升(见图2-2横坐标的2号点上方的ρ_s^A曲线)。

随着AMN电极继续向右移动，良导脉对电流的吸引作用逐渐增强，致使ρ_s^A曲线继续上升，直到MN电极靠近良导脉顶时，由于良导脉向下吸引电流，使j_{AMN}相对减小，ρ_s^A曲线亦开始下降，因而形成了ρ_s^A曲线极大值(见图2-2横坐标的3号点上方的ρ_s^A曲线)。

在MN电极接近良导脉顶到越过脉顶这个范围内，良导脉对电流的吸引作用最强烈，j_{AMN}急剧减小，因而ρ_s^A曲线也随之迅速下降。当A电极和MN电极处在良导脉的两侧，由于良导脉的屏蔽作用使ρ_s^A曲线出现一段比较宽的低值段(见图2-2横坐标的4号点上方的ρ_s^A曲线)。

当AMN电极都跨过良导脉顶后，随着电极继续向右移动，良导脉吸引电流的作用逐渐减弱，j_{AMN}逐渐增大，从而使$\rho_s^A \approx \rho_1$(见图2-2横坐标的5、6号点上方的ρ_s^A曲线)。

同理,可以分析 ρ_s^B 曲线。

ρ_s^A 和 ρ_s^B 两条曲线相交,交点位于直立良导脉顶上方,且在交点左侧 $\rho_s^A > \rho_s^B$,交点右侧 $\rho_s^A < \rho_s^B$。这样的交点称为联合剖面曲线的"正交点"。在正交点两翼,两条曲线明显地张开 ρ_s^A 达到极大值,ρ_s^B 则为极小值,形成横"8"字式的明显歧离带。

四、实验步骤

(1)将小组内学生进行分工,分别为操作员、记录员、绘图员、跑极员及协调员。
(2)实验前打磨铜电极尤其是铜电极的尖头部分,确保其导电性良好。
(3)用直尺测量实验模型的尺寸及埋深并记录。
(4)将作为测线的木槽板沿垂直异常走向的方向放置在水槽上。
(5)记录实验模型在测线上的方位,绘图员在厘米纸上绘制测线并标注实验模型所在位置。
(6)根据测量得到的实验模型埋深,全组学生讨论并合理地选择供电电极 AB 及测量电极 MN 的极距。
(7)将铜电极按设计好的极距安装在带孔的直尺上并固定好,将直尺放在作为测线的木槽中,使铜电极尖端入水,入水深度在 2~3mm 之间。
(8)按图 2-3 所示连接仪器与电极,完成联合剖面法的装置布设。

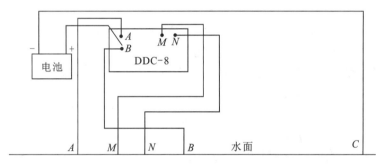

图 2-3 电阻率联合剖面法实验装置布置图

(9)检查连线正确与否。
(10)打开仪器,按"仪器功能排列"键,选择 3P-PRFL 联合剖面。
(11)按"极距"键,按照屏幕提示,依次输入 $MN/2$、$BO/2$(注意:输入极距参数时单位为米),按前进键直到屏幕上出现 Kr(即装置系数 K),此时操作员将数据报给记录员,记录员在记录的同时向操作员复读数据,操作员根据记录员复读的数据再次核对仪器上的数值。
(12)连接仪器 HV 电源线至电池箱的正负极,如果有开关,请打开电源开关。
(13)对于每一个测点,首先连接 A 电极电缆到仪器接线柱 A,B 接线柱连接无穷远 C 极电缆,测量 A、C 电极供电时的视电阻率值并记录后,断开 A 极,连接 B 极电缆到接线柱 A,再测量 B、C 电极供电时的视电阻率值并记录。绘图员将测量得到的数据绘制在厘米纸上,用实线连接 ρ_s^A 测点数据,用虚线连接 ρ_s^B 测点数据。手绘图形如图 2-4 所示。要求在实验过程中绘制此手绘实测曲线图,绘图时注意比例尺的选择。

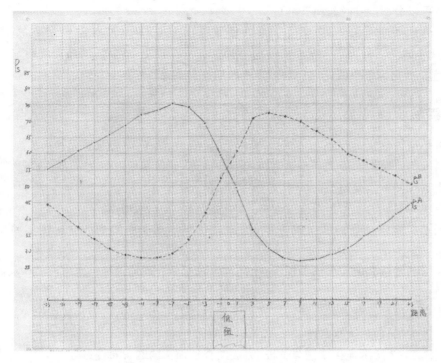

图 2-4　实测曲线手绘图

(14) 单个测点完成后,按设计的点距,移动装置,进行下一个测点的观测。

(15) 重复第(13)和(14)步骤直到将整个测线测完。

(16) 观测质量检查:测量过程中每隔 3～5 个点,应改变供电电流 25% 以上进行重复观测,并计算相对误差,要求相对误差小于 5%。

$$\delta = \frac{2|\rho_s^1 - \rho_s^2|}{|\rho_s^1 + \rho_s^2|} \times 100\%$$

(17) 测量完所有测点之后,切断电源,关闭仪器。

(18) 绘制低阻脉上的联合剖面实测曲线图。

(19) 关闭电源开关,关闭仪器开关,整理导线、铜电极、直尺并摆放整齐,注意培养良好的科学实验的习惯。

五、注意问题

(1) 实验前先用细砂纸将铜电极打磨光亮。

(2) 电极入水宜在 2～3mm 之间。

(3) 电极之间距离要量准。

(4) 要等待到极差较稳时再供电测量。

(5) 记录员在记录数据的同时回报操作员复读读数。

(6) 操作员除完成操作任务外,还负责组织协调本组的实验工作。

(7) 协调员在与跑极员沟通时,明确告知跑极的距离。

六、实验要求

(1) 每组观测一条剖面并手绘草图。
(2) 绘制草图前,应首先将测线、测点及异常体标示在坐标纸上。
(3) 研究极距、埋深、点距对视电阻率曲线的影响。
(4) 画出本组实验布置图,联合剖面曲线图及对应的地电断面模型的位置。
(5) 研究联合剖面法在经过垂直接触带时的视电阻率曲线特征。
(6) 每人编写一份实验报告。

七、思考题

(1) 何谓电极距、点距、测点(记录点)?
(2) 为什么要设置无穷远极?何为无穷远极?
(3) 电极距、点距对实验结果有何影响?
(4) 联合剖面法的特点是什么?
(5) 什么是低阻正交点?有何意义?
(6) 联合剖面法可以追踪低阻脉状体的走向吗?
(7) 当实验用的高阻板倾斜时,对视电阻率曲线有没有影响?为什么?
(8) 联合剖面法可以用来找高阻体吗?可以用来找接触带吗?为什么?
(9) 联合剖面法中 $\dfrac{\rho_s^A + \rho_s^B}{2}$ 等于对称四极法的 ρ_s^{AB} 吗?
(10) 分析讨论实验结果。
(11) 为什么可以将无穷远极固定在 B 接线柱上,而将 AB 极的电缆分别接在 A 接线柱上?
(12) 有兴趣的学生可以重复以上步骤,在垂直接触带模型(图 2-5)上进行联合剖面法数据采集并分析视电阻率曲线的特征。

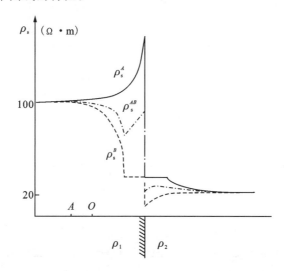

图 2-5 联合剖面法在垂直接触带上的曲线特征($\rho_1 > \rho_2$)

附:记录表格

电阻率联合剖面法水槽模型实验记录表

日期:_____ 地点:_____ 测线号:_____

$AO=BO=$ _____ m $MN=$ _____ m $K=$ _____ m

测点	ΔU_{MN}^{A} (mV)	I^{A} (mA)	ρ_s^A ($\Omega \cdot$ m)	ΔU_{MN}^{B} (mV)	I^{B} (mA)	ρ_s^B ($\Omega \cdot$ m)

班　级:_____　　仪器型号:_____
操 作 员:_____　　记 录 员:_____

实验三　复合对称四极剖面法水槽模型实验

一、实验目的

(1) 了解对称四极剖面法的工作原理。
(2) 了解对称四极剖面法水槽模型实验的工作布置及观测方法。
(3) 了解复合对称四极剖面法视电阻率曲线特征。

二、实验仪器及材料准备

悬挂高阻背斜模型的水槽1个，DDC-8电子自动补偿（电阻率）仪1台，铜电极4根，带鳄鱼夹导线4根，带孔直尺（每厘米1个孔）1把，木槽板1根，直流电源箱1个，砂纸1张，记录纸及厘米纸若干，铅笔，橡皮。

三、实验方法原理

电剖面法是用以研究地电断面横向电性变化的一类方法。一般采用固定的电极距并使电极装置沿剖面移动，在各个测点观测电位差和电流强度，计算视电阻率值，这样便可得到在一定深度范围内视电阻率沿剖面横向上的变化。

对称四极装置示意图（图3-1）的特点为：供电电极 A 到测量电极 M 的距离等于测量电极 N 到供电电极 B 的距离（$AM=NB$），取测量电极 MN 的中点 O 为测量记录点，$OM=ON$，即供电电极和测量电极都对称分布于测量记录点（测点）O 的两侧。当 $AM=MN=NB=a$ 时，这种对称等距排列又被称之为温纳装置。对称四极法不需要"无穷远"极，相比于联合剖面装置要轻便许多，工作效率高，多用于普查，了解基底起伏情况，探查古河道、岩溶发育带等方面。另外，小对称四极法（极距相对较小的对称四极装置）还常用于岩石电阻率的测量。装置的视电阻率计算公式见式(3-1)，其装置系数 K 的计算公式见式(3-2)。

$$\rho_s^{AB}=K_{AB}\times\frac{\Delta U_{MN}}{I} \tag{3-1}$$

式中：$K_{AB}=\pi\cdot\dfrac{AM\cdot AN}{MN} \tag{3-2}$

复合对称四极装置示意图（图3-2）是为了在同一条剖面上研究两种不同深度上的电性分布特征，通常采用两种供电电极距 A_1B_1 和 A_2B_2，其中 A_1B_1 极距较小，A_2B_2 极距较大。对称四极剖面法的供电极距，主要是根据工作地区基岩顶板的平均埋藏深度 H 或疏松覆盖层的平均厚度 H 来确定。极距与覆盖层厚度之间关系大致为：$A_1B_1=(2\sim4)H$，$A_2B_2=(6\sim10)H$，测量电极极距 $MN\leqslant1/3AB$。

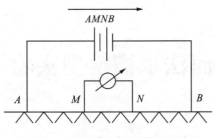
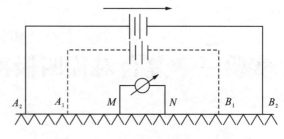

图 3-1　对称四极剖面法装置示意图　　图 3-2　复合对称四极装置示意图

四、实验步骤

(1)将小组内学生进行分工,分别对应操作员、记录员、绘图员、跑极员及协调员。

(2)实验前打磨铜电极尤其是铜电极的尖头部分,确保其导电性良好。

(3)用直尺测量实验模型的尺寸及埋深并记录。

(4)将作为测线的木槽板沿垂直异常的方向放置在水槽上。

(5)记录实验模型在测线上的方位,绘图员在厘米纸上绘制测线并标注实验模型所在位置。

(6)根据测量得到的实验模型埋深,全组学生讨论并合理地选择供电电极 AB 及测量电极 MN 的电极距。

(7)将铜电极按设计好的极距安装在带孔的直尺上并固定好,将直尺放在作为测线的木槽中,使铜电极尖端入水,入水深度在 2~3mm 之间。

(8)按图 3-1 所示连接仪器与电极,完成对称四极剖面法的装置布设,先做大极距或小极距都可以。

(9)检查连线正确与否。

(10)打开仪器,按"排列"键,选择 4P-PRFL 对称四极剖面。

(11)按"极距"键,按照屏幕提示,依次输入 $AB/2$、$MN/2$(输入时注意将极距的单位从厘米转换到米),按前进键直到屏幕上出现 Kr(即装置系数 K),此时操作员将数据报给记录员,记录员在记录的同时回报给操作员,操作员根据记录员回报的数据再次核对仪器上的数值。

(12)连接仪器 HV 电源线至电池箱的正负极,如果有开关,请打开电源开关。

(13)对于每一个测点,按前面实验一中提到的操作步骤,获取数据。

(14)单个测点完成后,按设计的点距,移动装置,进行下一个测点的观测。

(15)重复第(13)及(14)步骤直到将整个测线测完,绘图员在厘米纸上绘制草图。

(16)更换极距,可组内讨论另一极距的曲线应该在草图的什么位置,然后在原测线上原测点位逐点进行观测。

(17)观测质量检查:测量过程中每隔 3~5 个点,应改变供电电流 25% 以上进行重复观测,并计算相对误差,要求相对误差小于 5%。

(18)测量完所有测点之后,切断电源,关闭仪器。
(19)在厘米纸上相同坐标系下,绘制不同极距的剖面图。
(20)关闭电源开关,关闭仪器开关,整理导线、铜电极、直尺并摆放整齐,注意培养良好的科学实验的习惯。

五、注意问题

(1)记录员在记录数据的同时回报操作员的读数。
(2)操作员除完成操作任务外,还负责组织协调本组的实验工作。
(3)实验前先用细砂纸将铜电极打磨光亮。
(4)电极入水宜在 2~3mm 之间。
(5)电极之间距离要量准。
(6)要等待到极差较稳时再供电测量。
(7)进行第二组极距观测时,一定要在原测线上的原测点进行观测。
(8)在跑极过程中,注意不要触碰做测线的木槽板,以免引起测线位置的改变。

六、实验要求

(1)每组完成一条测线两组数据的观测并手绘草图。
(2)绘制草图前,应首先将测线、测点和异常体标示在坐标纸上。
(3)讨论极距、埋深、点距对视电阻率曲线的影响。
(4)每人编写一份实验报告。

七、思考题

(1)电极距、点距对实验结果有何影响?
(2)画出本组实验布置图、ρ_s 视电阻率曲线图及对应的地电断面模型的位置。
(3)分析讨论实验结果。
(4)结合图 3-3,思考高阻背斜模型上为什么要使用复合对称四极剖面法?只使用对称四极剖面法可否?

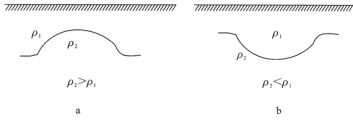

图 3-3 高阻背斜、低阻向斜模型示意图

附：水槽模型实验中的手绘实测曲线图及电脑绘制的曲线图。要求在实验报告中既有手绘的曲线图，也要有数字化后的曲线图。

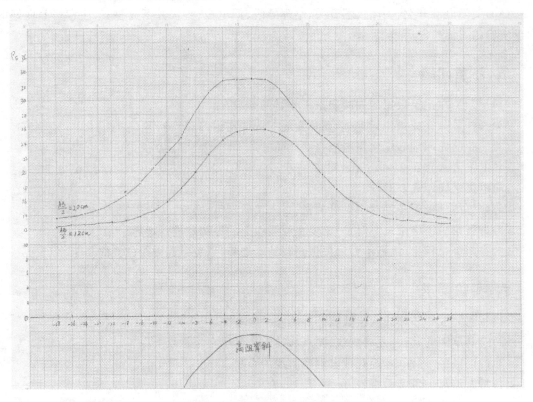

复合对称四极法水槽模型实验手绘实测曲线图

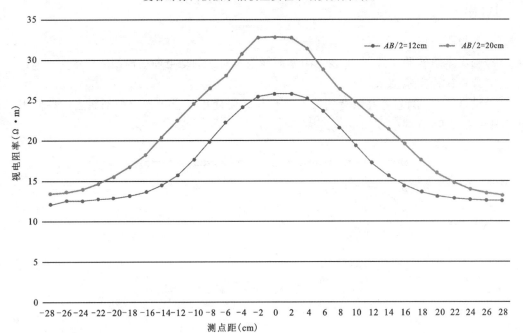

复合对称四极法水槽实测数据视电阻率剖面图

附：记录表格

复合对称四极剖面法水槽模型实验记录表

日　期：＿＿＿＿＿＿＿＿＿　　　地　点：＿＿＿＿＿＿＿＿＿

测线号：＿＿＿＿＿＿＿＿＿　　　测点号：＿＿＿＿＿＿＿＿＿　　　$K=$＿＿＿＿＿＿＿＿＿

$AB/2$ (m)	$MN/2$ (m)	I_{AB} (mA)	ΔU_{MN} (mV)	ρ_s ($\Omega \cdot m$)	备注

操作员：＿＿＿＿＿＿＿＿＿　　记录员：＿＿＿＿＿＿＿＿＿　　组长：＿＿＿＿＿＿＿＿＿

实验四　电阻率对称四极测深法水槽模型实验

一、实验目的

(1) 了解对称四极测深法的工作原理。
(2) 了解对称四极测深法水槽模型实验的工作布置及观测方法。
(3) 学会分析对称四极测深法视电阻率曲线特征及识别曲线类型。

二、实验仪器及材料准备

悬挂板状模型的水槽 1 个，DDC-8 电子自动补偿（电阻率）仪 1 台，铜电极 4 根，带鳄鱼夹导线 4 根，带孔直尺（每厘米 1 个孔）3 把（2 短 1 长），木槽板 1 根，直流电源箱 1 个，砂纸 1 张，记录纸及厘米纸，铅笔，橡皮。

三、实验方法原理

电阻率电测深法是在地面上的一个测深点上（测量电极 MN 的中点），通过逐次增大供电电极 AB 的极距，测量同一个测点不同 AB 极距时的视电阻率值，用于研究该测深点地下不同电性的岩层随深度的分布情况，又名垂向电测深法。电测深法的电极排列方式也有许多种，如三极测深法、五极纵轴测深法及四极测深法等，应用最多的是对称四极测深法，其供电电极 A、B 及测量电极 M、N 都对称分布于测点 O 的两侧。

对称四极电测深法的装置示意图（图 4-1）特点是保持测量电极 M、N 的位置相对固定，按照设定的供电 AB 极距表（表 4-1），不断增大供电电极 AB 距离的同时，逐次进行观测。但是，在实际工作中，由于供电 AB 极距不断加大，若测量电极 M、N 的距离始终保持不变，则 ΔU_{MN} 将逐渐减小，以至于无法观测，因此，随着供电电极 AB 极距的加大，需要适当地加大测量电极 MN 距离，以保证顺利进行观测。通常要求满足条件：$AB/3 \geqslant MN \geqslant AB/30$。对称四极测深法视电阻率 ρ_s、装置系数 K 表示式与对称四极剖面法相同。

对称四极测深法极距表根据室内、室外工作的不同而不同，表 4-1 为室内测量时使用的极距表，其中在 $AB/2$ 极距为 20cm 和 25cm 时，分别进行 $MN/2$ 极距为 1cm 和 5cm 的两组数据测量。在绘制草图时，$MN/2=1$cm 的数据连接为一条曲线，$MN/2=5$cm 的数据连接成一条曲线。在 $AB/2=20$cm 和 25cm 时的 2 个点，因同时观测大、小两个极距的 MN 数据，习惯上称之为接头点。

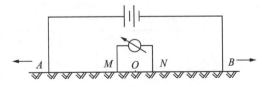

图 4-1　对称四极测深法装置示意图

表 4-1　对称四极测深法极距表（单位：cm）

AB/2	3	4	5	6	9	12	15	20	25	30	40	50
MN/2	1	1	1	1	1	1	1	1	1			
								5	5	5	5	5

对称四极测深法的视电阻率曲线相对于剖面法的曲线是不相同的，剖面法的视电阻率曲线只是反映了沿测线方向测线下方某一深度的视电阻率变化情况，而对称四极测深法的视电阻率曲线反映的是某一测点下方垂向上的电性分层情况，其曲线是有多种类型，如二层地电模型的 D 型（低型，第二层的电阻率小于第一层）和 G 型（高型，第二层的电阻率大于第一层）、三层地电模型（图 4-2）的 H 型、Q 型、K 型及 A 型等。

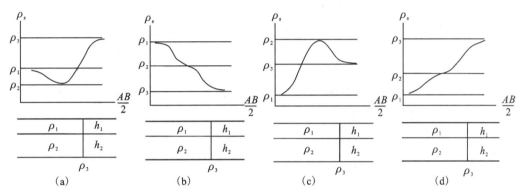

图 4-2　三层地电模型电测深法曲线类型图
(a)H 型 $\rho_1 > \rho_2 < \rho_3$；(b)Q 型 $\rho_1 > \rho_2 > \rho_3$
(c)K 型 $\rho_1 < \rho_2 > \rho_3$；(d)A 型 $\rho_1 < \rho_2 < \rho_3$

在水槽实验中，通过在水槽里悬挂高阻的环氧树脂板来模拟高阻层，环氧树脂板上的水层作为低阻层，即可在水槽中模拟一个上部低阻下部高阻的两层模型，如图 4-3 所示。

图 4-3　两层测深模型布设图

四、实验步骤

(1) 将小组内的学生进行分组,分别对应操作员、记录员、绘图员及跑极员。

(2) 实验前打磨铜电极尤其是铜电极的尖头部分,确保其导电性良好。

(3) 用直尺测量高阻板的尺寸及埋深并记录。

(4) 将作为测线的木槽板沿垂直异常的方向放置在水槽上。

(5) 将铜电极按设计好的极距安装在带孔的直尺上,M、N 电极安装在较长的直尺上,A、B 电极各安装在短尺上,将直尺放在作为测线的木槽中,使铜电极尖端入水,入水深度在 2~3mm 之间。

(6) 按图 4-1 所示参考图 1-7 连接仪器与电极,完成对称四极测深法装置的布设。

(7) 检查连线正确与否。

(8) 打开仪器,按实验一中仪器操作步骤进行相应的设置。

(9) 单个测点完成后,保持测量电极 M、N 电极位置不动,按设计的供电极 AB 的极距表,对称地向相反方向移动供电电极 A、B 所在的直尺,进行下一个极距点的观测(注意:此时观测的是同一测深点!)。

(10) 重复第(9)步骤直到将极距表上的所有极距都测完。注意:在测量接头点时,保证测量电极 M、N 中点的位置不能改变。

(11) 测量完所有测点之后,切断电源,关闭仪器。

(12) 在双对数坐标纸上,绘制对称四极测深法的视电阻率曲线。

五、注意问题

(1) 记录员在记录数据的同时回报操作员的读数。

(2) 操作员除完成操作任务外,还负责组织协调本组的实验工作。

(3) 实验前先用细砂纸将铜电极打磨光亮。

(4) 电极入水宜在 2~3mm 之间。

(5) 电极之间距离要量准,A、B 电极一定要对称的跑极。

(6) 测量接头点时,尽量保持 A、B 电极不动,改变 M、N 电极的距离(即对同一个 AB 距,通过改变 MN 距,测量接头点数据)。

(7) 要等待到极差较稳时再供电测量。

(8) 绘制草图时,注意双对数坐标纸的特点。在第一个数据点附近标注上对应的 $AB/2$ 值及视电阻率的值。

(9) 在跑极过程中,注意不要触碰移动做测线的木槽板。

六、实验要求

(1) 每组观测一个测深点的数据。

(2) 研究埋深对视电阻率曲线的影响。

(3) 画出本组实验布置图、ρ_s 视电阻率曲线图。

(4) 运用所学理论知识,尝试分析实测的测深曲线。

(5)每人编写一份实验报告。

七、思考题

(1)埋深的改变对实验结果有何影响?
(2)对照实际模型,分析讨论实验结果。
(3)分析讨论为什么要做接头点?如何理解接头点?
(4)结合理论课教材上的标准二层模型曲线及三层模型曲线,分析本组的实测曲线类型。
(5)为什么要用双对数坐标纸绘图?

附:记录表格

电阻率对称四极测深法水槽模型实验记录表

日　期:_____　　地　点:_____

测线号:_____　　测点号:_____

点号	K	$AB/2$ (m)	$MN/2$ (m)	I_{AB} (mA)	ΔU_{MN} (mv)	ρ_s ($\Omega\cdot m$)	备注

操作员:_____　　记录员:_____　　组长:_____

实验五　电阻率对称四极测深场地实验

一、实验目的

(1)了解场地实验的相关要求。
(2)熟悉测量仪器的使用。
(3)分析对称四极测深场地实验效果。

二、实验仪器及材料准备

DDC-8仪器1台,直流电池箱1个,电缆4根,铜电极6根,锤子2把,双对数坐标纸。

三、实验步骤

(1)携带所需的仪器设备材料到达实验场地。实验场地有两个,其中一个在物探楼正背后,场地面积83m×23m计1900m²,主要分布有井深200m的3口实验井,可用于地球物理测井、井间电磁波或声波层析成像等地球物理实验课程的实验;另一个实验场地在物探楼后的小树林里,场地面积为3000m²,埋设有低阻、高阻、高磁等地球物理实验模型,可用于重力、磁法、电法及地震等方法的实验课程。本次实验在小树林的实验场地中进行,如图5-1所示。

图5-1　实验场地实景图

(2)学生按测线组、电极组、仪器组进行分工,敷设测线和布置测站,建议学生在场地实验前,仔细阅读附录三,了解场地实验的注意事项,规范实验步骤。测线组学生用测绳或皮尺布置好测线并固定好,以防在数据采集过程中测线被无意改变而影响采集数据的准确性(因条件限制,实验场地内有水泥步行道,为保证电极与土壤的良好接触,在水泥道上用冲击钻沿东西方向,0.5m 点距打好了电极孔,学生在布设测线时尽量沿东西向,找到打好的电极孔或者在布设测线时尽量控制好测线方向,让尽量少的电极位置落在水泥步行道上)。电极组学生 8 人共分 4 个小组,每 2 个人一组,一个负责布设电极及移动电极,一个负责收、放线,防止电缆混到一起。每小组学生各负责 A、B、M、N 电极中的一个。电极布设好后,负责收、放线的学生把连接好电极的电缆铺设到仪器前,告知电缆对应的极性(供电电极 A 或 B、测量电极 M 或 N),方便仪器组学生正确地将电缆接到对应的接线柱上。电极组学生再次检查电极极距是否正确后,仪器组学生检查电缆和接线柱的对应关系,连接电源箱到主机。

(3)准备并开始测量。

①打开主机开关,等待仪器显示 DDC - 8。

②按下"排列"键,用"前进"键选择,直到仪器显示 4P - VES(对称四极测深)。

③按下"极距"键,按实际极距分别输入 $AB/2$ 和 $MN/2$ 极距值,用"前进"键选择,直到仪器上显示 Kr,负责记录的学生在记录纸上写下该数值,具体要求见实验一中所述。

④打开直流电源箱开关,按下主机测量键,等待仪器测量。

⑤仪器显示出测量结果后,按实验一所述进行操作,直到数据符合质量要求,由记录员记录。

⑥操作员告知协调员,可以跑极,协调员协调电极组学生按设计的极距表进行跑极。操作员在此时间内,重新输入 $AB/2$ 和 $MN/2$ 极距值,计算新的装置系数 K,并告知记录员。

⑦电极组学生布设好电极后,告知协调员,协调员负责检查电极位置是否正确,AB 电极极距是否对称,随后通知操作员可以进行数据采集。

⑧按照设计好的极距表,重复第⑥~⑦步骤的操作,直到所有极距都测量完毕,完成一个测深点的测量。

⑨绘图员在实测数据获取后,开始绘制实测曲线图。要求在双对数坐标纸上,横坐标为 $AB/2$,纵坐标为视电阻率,在曲线的第一个点处标记该点的数值。在曲线绘制过程中,注意观察曲线的整体趋势,在数据出现异常时及时提醒操作员、协调员进行检查。

⑩按照设计要求,进行多个测深点的测量,则更换点位后,重复第①~⑧的步骤,直到完成所有测量任务。

⑪将所有仪器设备、电缆、电极收归到测站附近并清点数量,无误后带回实验室。

⑫最大极距时改变电流大小,重复测量。

⑬对于畸变点,应返回原极距点重复观测。

四、注意问题

(1)跑极时一定要注意 A、B、M、N 电极的对称性,不要跑错极。

(2)打电极时,一定要注意按设计要求并满足接地条件埋置电极。

(3)仪器操作员一定要注意每次测量都要重新计算装置系数 K 值。

(4)记录员现场及时绘制对称四极测深 $\rho_s - \frac{AB}{2}$ 曲线草图(在双对数坐标纸上),以便检查数据采集质量。

五、思考题

(1)室外场地实验有哪些注意事项?

(2)如果电极点位的条件不适合,如何在保证测量结果影响最小的情况下选择电极点位?

(3)如果电极的接地电阻过大,有哪些措施和方法可以降低电极的接地电阻?

(4)如何避免电极电缆绞在一起,影响跑极的效率?

(5)如果在相同供电极距、不同测量极距的条件下,即接头点的视电阻率值的变化规律?

附:记录表格

电阻率对称四极测深场地实验记录表

日　期:_____　　　　地　点:_____

测线号:_____　　　　测点号:_____

点号	K	$AB/2$ (m)	$MN/2$ (m)	I_{AB} (mA)	ΔU_{MN} (mv)	ρ_s ($\Omega \cdot m$)	备注

操作员:_____　　　记录员:_____　　　组长:_____

实验六　岩石样品电阻率测量实验

一、实验目的

(1)学习岩石样品的电阻率测定方法。
(2)学习 SCIP 仪器的使用方法。

二、实验仪器及材料准备

SCIP 样品岩芯测试仪 1 台,样品固定装置 1 套,加工好的圆柱形岩石样品若干,纤维海绵 2 个,直尺 1 把,烧杯 1 个,硫酸铜溶液,记录纸 1 张,铅笔,橡皮。

三、样品电阻率测量原理

1. 原理

本次实验根据欧姆定律,通过测量岩芯样品两端的电位差 ΔU 以及回路中的电流 I,已知样品的横截面积 S 和长度 L,按照下式可计算样品的电阻率:

$$\rho = \frac{S}{L} \cdot \frac{\Delta V}{I} \tag{6-1}$$

2. SCIP 仪器简介

SCIP 系统是加拿大 GDD 公司研制生产的一款岩芯样本 IP 测量仪,可以用来测量岩芯样品的电阻率、极化率电性参数。该系统主要由 3 个部分组成:主机、岩芯夹持器和数据采集系统 PDA。其数据采集系统 PDA 采用 Windows Mobile 操作系统,采用蓝牙与主机连接(图 6-1)。

主机规格及参数如下:

尺寸:40.6cm×33cm×17.4cm。

重量:7kg。

温度范围:-30~+60℃。

直接测量的参数:视电阻率、一次电压(Vp)、一次电压误差、电流、极化率和极化率误差。

储存:100 000 个读数/最多储存 4 000 000 个。

图 6-1　SCIP 系统

输入阻抗：5GΩ。
一次电压：高达±13V。
电压测量：分辨率 1μV，精度 0.2%。
电流测量：分辨率 1nA，精度 0.2%。
极化率测量：分辨率 1nV/V，精度 0.3%。

四、实验步骤

(1)测定样品电阻率，连线示意图如图 6-3 所示。
(2)测试步骤说明如下：
①取出岩芯(形状)样品，测量底面直径及长度。
②将两个夹持器分别置放于 2 个容器(底座)中，用螺丝固定。
③将纤维海绵浸泡于硫酸铜溶液中，并保证两块海绵完全浸透。
④将纤维海绵取出，分别置放于两个夹持器的电极上。
⑤将合适长度的横杆置放于两个夹持器之间，并将螺丝固定。
⑥固定岩芯样品于两块纤维海绵之间，并且使用螺丝固定两个夹持器(图 6-2)。

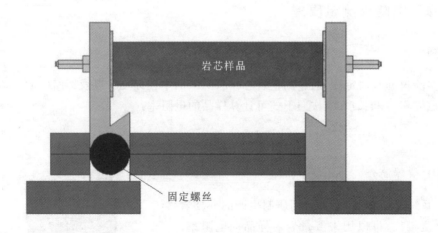

图 6-2 夹持器固定岩芯样品示意图

⑦连接 SCIP 检测器上的 Tx-A/Rx-A、Tx-B/Rx-B；并分别连接到的 A 极和 B 极夹子上(图 6-3)。
⑧打开掌上电脑，掌上电脑将通过蓝牙自动与 SCIP 检测器连接。
⑨运行掌上电脑上的 GDD SCIP 软件。
⑩在 TOOLS→Config→Parameters 菜单下设置岩芯参数。
⑪在 TOOLS→Config→Windows 及 Tx 菜单下，设置发射参数。点击"OK"。
⑫点击"Start"开始测量。
⑬记录测量结果。退出 GDD SCIP 软件，关闭掌上电脑，关闭 SCIP 仪器电源开关。

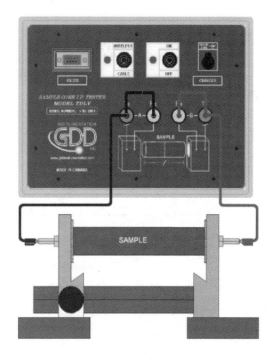

图 6-3 仪器连接示意图

五、注意问题

(1) 实验前,岩石样品须在水中浸泡 24h 以上。
(2) 使用硫酸铜溶液操作时,注意安全。
(3) 样品表面应保持干燥。

六、实验要求

(1) 每个样品至少测量 3 次。
(2) 每组至少进行 5 个样品的测量。
(3) 每人编写一份实验报告。

七、思考题

(1) 为什么要将纤维海绵浸泡于硫酸铜溶液?
(2) 分析岩石电阻率测量的影响参数。
(3) 分析实验结果。
(4) 体会与建议。

附:记录表格

岩石样品电阻率测量实验记录表格

日　期:＿＿＿＿＿＿＿＿　　地　点:＿＿＿＿＿＿＿＿

标本编号	截面积 S (m^2)	长度 L (m)	ΔU (mV)	I (mA)	ρ ($\Omega \cdot m$)	备注

班组:＿＿＿＿＿＿＿＿　　记录员:＿＿＿＿＿＿＿＿　　组长:＿＿＿＿＿＿＿＿

实验七　时间域激发极化法中梯装置水槽模型实验

一、实验目的

(1)了解 DZD-6A 激发极化法仪器的使用。
(2)学习激发极化法的工作布置和测量方法。
(3)认识和分析激发极化法在几种典型地质体上的异常特征。

二、实验仪器及材料准备

DZD-6A 多功能直流电法仪 1 台,直流电源箱 1 个,纯铜电极 4 根,带鳄鱼夹导线 4 根,带孔直尺(每厘米 1 个孔)1 把,木槽板 1 根,记录纸 1 张,砂纸 1 张,铅笔,橡皮。

三、实验方法原理

激电法是以地壳中不同岩、矿石的激电效应差异为物质基础,通过观测与研究人工建立的直流(时间域)或交流(频率域)激电场的分布规律进行找矿和解决地质问题的一类电法勘探分支方法。在电法勘探工作中我们发现,当向大地供入电流时,在供电电流不变的情况下,地面两个测量电极之间的电位差却随着测量时间的增加而变大,并在相当长的时间后(几分钟)趋于某一稳定的饱和值。断电后,测量电极之间仍然存在一随时间而减小的微弱电位差,并在相当长的时间后衰减趋近于零,如图 7-1 所示。这种在供电、断电的过程中,产生随时间缓慢变化的附加电场的现象,称为激发极化效应(简称激电效应)。这种变化的附加电场,称为"激发极化场",简称"二次场"。

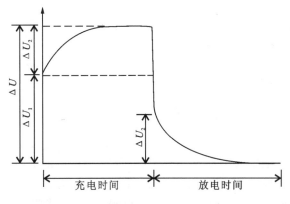

图 7-1　某岩石激发极化时间特性曲线

激发极化场的时间特性：从图7-1中可以看到在开始供电的瞬间，测量电极 M、N 之间观测到一次场电位差 ΔU_1，随着供电时间的增长，激发极化电场（即二次场）电位差 ΔU_2 开始迅速增大，然后慢慢增大，经过 2～3min 后逐渐达到饱和。在供电过程中，测量电极 M、N 间观测到的二次场和一次场的总和，称为总场，总场电位差用 ΔU 来表示。当切断供电电流后，一次场立即消失，测量电极 M、N 间二次场电位差迅速衰减，然后逐渐慢慢衰减，数分钟后趋近于零。

激发极化场的频率特性：频率域激发极化法是在超低频电流作用下，根据电场随频率的变化特征来研究岩、矿石的激电效应。图7-2所示的是一块黄铁矿标本的激电频率特性曲线，由图可见，在超低频段交流电位差将随频率的升高而降低，我们把这种现象称为频散特性或幅频特性。由于激电效应的形成是一种物理化学过程，需要一定的时间才能完成。所以，当采用交流电场激发时，交流电的频率与单向供电持续时间的关系是：频率越低，单向供电时间越长，激电效应越强，因而总场幅度便越大；相反，频率越高，单向供电时间越短，激电效应越弱，总场幅度也越小。显然，如果适当地选取两种频率来观测总场的电位差，便可从中检测出反映激电效应强弱的信息。

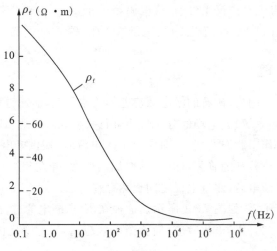

图7-2 黄铁矿标本的激电频率特性曲线

表征激发极化特性参数如下：

(1) 视极化率（η_s）。视极化率是时间域激发极化法的基本测量参数。当地下岩、矿石的极化率分布不均匀时，用某一电极装置测量得到的视极化率，实际上就是电流作用范围内各种极化体激发极化效应的综合反映；其表达式为：

$$\eta_s(T,t) = \frac{\Delta U_2(t)}{\Delta U(T)} \times 100\% \qquad (7-1)$$

式中：$\Delta U(T)$ 为供电时间为 T 时测得的总场电位差；$\Delta U_2(t)$ 为断电后 t 时刻测得的二次场电位差。η_s 用百分数表示，它的大小和分布反映了地下一定深度范围内极化体的存在和赋存状况。由式(7-1)可见，视极化率与供电时间和测量延迟时间有关，因此当提到极化率时，必须指出其对应的供电时间 T 和测量时间 t_0。为简单起见，我们将视极化率定义为长时间供电（$T \to \infty$）和无延时（$t \to 0$）时的测量结果，即

$$\eta_s = \frac{\Delta U_2}{\Delta U} \times 100\%$$

(2)视频散率(P_s)。视频散率是频率域激发化法的一种基本测量参数,其表达式为:

$$P_s(f_D, f_G) = \frac{\Delta U(f_D) - \Delta U(f_G)}{\Delta U(f_G)} \times 100\% \quad (7-2)$$

式中:$\Delta U(f_D)$、$\Delta U(f_G)$分别表示低频和高频供电所形成的总场电位差。和η_s一样,它也是电场作用范围内各种极化体激发极化效应的综合反映。时间域激电法和频率域激电法在物理本质上是一致的。

(3)衰减度(D)。衰减度是反映激发极化场衰减快慢的一种测量参数,用百分数来表示。二次场衰减越快,其衰减度就越小。其表达式为:

$$D = \frac{\Delta \overline{U}_2}{\Delta U_2} \times 100\%$$

式中:ΔU_2为供电 30s、断电后 0.25s 时的二次场电位差;$\Delta \overline{U}_2$为断电后 0.25s~5.25s 内二次电位差的平均值。

本次实验在水槽中进行时间域激电法测量。以水模拟极化率均匀的围岩介质,以长方形石墨砖模拟极化地质体。实验采用中梯装置,数据采集过程中供电电极 AB 固定不动,测量电极 MN 在 AB 中部 1/3 的范围内移动,每移动一次采集一次数据。

四、实验过程

(一)实验仪器简介

本次实验使用的是重庆地质仪器厂的 DZD-6A 多功能直流电法仪。仪器面板如图 7-3 所示。

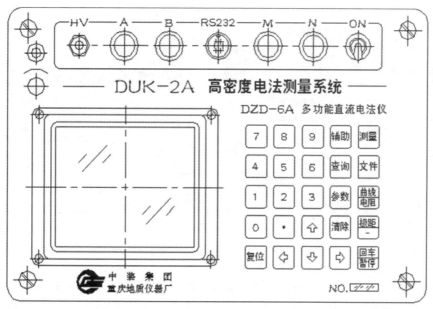

图 7-3 仪器面板示意图

HV：直流高压，用于接外接电源箱，红色夹子接正极，黑色夹子接负极。

A、B：供电电极 A、B 的接线柱。

RS-232：串行接口，用于连接电脑导出数据。

M、N：测量电极 M、N 的接线柱。

数字功能键：0～9，共 10 个数字键，用于启用。

"辅助"键：即 1.检测电池电压；2.删除文件和测点；3.传输；4.检测自电；共 4 种辅助功能。

测量键：用于仪器测量。

查询键：用于查询文件目录、文件数据、文件工作模式。

文件键：用于建立新文件或补测文件。

参数键：用于输入工作参数。

曲线键：用于绘制实测曲线。

清除键：双功能键，用于清除输入的数字和清除内存。

极距键：用于手动时直接输入极距参数。

（二）主要操作流程

（1）建立文件和选择采集的数据类型。在进行数据采集工作前，首先建立文件。按下"文件"键后，屏幕显示①新建；②补测，其中补测是在原测线数据中添加测点。输入新建的文件号后，在测量参数中选择需要采集的数据类型，仪器提供 4 种测量参数类型，本次实验选择视电阻率与激电数据（图 7-4）。

（2）选择装置类型和工作参数。仪器提供 10 种装置供选择，如图 7-5 所示，本次实验使用中间梯度装置。装置选择后，需设置工作参数，如图 7-6 所示。其中，当极距方式为自动时，需要设置工作参数 2 中的当前极号、极号增量。

图 7-4　测量参数选择示意图

图 7-5　装置类型选择示意图

（3）对选用的装置进行极距设置和计算装置系数。本次实验使用中间梯度装置，这种排列供电电极 AB 是固定的，测量电极 MN 在 AB 电极所在主剖面（测线）中部 1/3 的范围内移动。此外，MN 电极还可以在 AB 主剖面两侧 $AB/6$ 范围内且与之平行的旁测剖面上进行观测。

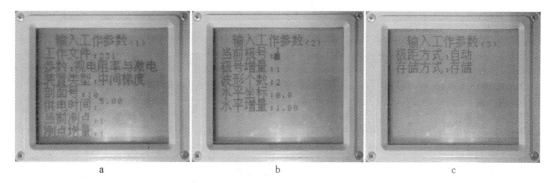

图 7-6 设置工作参数 1~3 示意图

供电电极 A 为原点，OX 为原点到 MN 中点的水平距离，在此装置中永为正数值。OY 为 MN 中点到主测线 AB 的距离。当 $OY=0$ 时，为主测线，由于装置系数 K 计算公式中取用的是 OY 平方，所以仪器输入的 OY 的数值可为负数值，即旁测测线可在主测线的两旁布线。具体各极距参数意义如图 7-7 所示，装置系数 K 的计算公式如式(7-3)所示，仪器显示如图 7-8 所示。

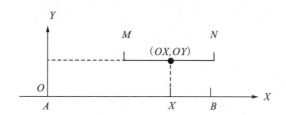

图 7-7 中间梯度装置极距参数示意图

图 7-8 中间梯度装置极距设置示意图

装置系数 K 表达式为：

$$K=\frac{2\pi}{|\frac{1}{AM}-\frac{1}{AN}-\frac{1}{BM}+\frac{1}{BN}|} \tag{7-3}$$

其中：$AM=\sqrt{(OX-MN/2)^2+OY^2}$

$AN=\sqrt{(OX+MN/2)^2+OY^2}$

$BM=\sqrt{(AB-OX+MN/2)^2+OY^2}$

$BN=\sqrt{(AB-OX-MN/2)^2+OY^2}$

（4）参数设置完毕后，打开直流电源开关，按下主机测量键，仪器开始测量，显示面板如图 7-9 所示。其中图 7-9a 为采集过程中仪器的显示，提示供电过程为正供电还是负供电；图 7-9b 为采集过程结束后的屏幕显示：其中 V_P 为一次场电压；I_P 为一次场电流；S_P 为自然电位；R_0 为视电阻率；$M_1 \sim M_7$ 为视极化率；T_H 为半衰时；D 为衰减度；γ 为偏离度；Z_P 为综合激电参数。对于 $M_1 \sim M_7$ 说明如下，$M_1 \sim M_7$ 为固定的采样时刻及采样宽度下计算的视极化率，$M_s = \dfrac{\Delta U_2}{\Delta U_1} \times 100\%$，其中 ΔU_2 是二次场电位，ΔU_1 是一次场电位。采样宽度中除 dt_1 为 40ms 外，其他（$dt_2 \sim dt_6$）均为 80ms。

a.采集过程中　　　　　　　　　　b.采集结束

图 7-9　仪器在测量中显示的信息

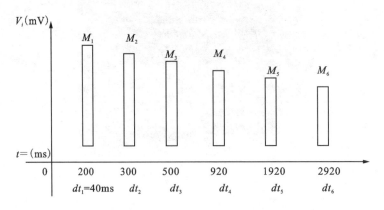

图 7-10　$M_1 \sim M_7$ 采样时间示意图

（三）实验步骤

(1) 测量铜砖模型的尺寸、埋深、产状、位置。
(2) 根据模型埋设情况讨论确定中梯装置的电极距、点距等参数。
(3) 检查仪器各个部分是否工作正常。
(4) 按所选择的装置连接供电回路（红色夹子接"＋"，黑色夹子接"－"），并按照仪器标识连接 A、B、M、N 测量线路。
(5) 检查电线连接无误，开机。
(6) 按"文件"键，按要求输入新建文件名、断面号。
(7) 在下一个界面（图 7-4 所示）测量参数中选择 4（视电阻率与激电参数）。
(8) 在下一界面（图 7-5 所示）装置类型中选择"5.RECTGL"。
(9) 在下一界面中，输入剖面号。
(10) 在下一界面（图 7-6a 所示），输入供电时间、中间梯度、当前测点、测量增量 3 个参数。
(11) 在下一界面（图 7-6b 所示），输入当前极号、极号增量、波型个数、水平坐标、水平增量 5 个参数。
(12) 在下一界面（图 7-6c 所示），设置极距方式和有储方式 2 个参数。
(13) 在下一界面（图 7-8 所示），设置极距参数值。
(14) 按"测量"键，开始测量。
(15) 在记录纸上记录测点位置以及测量值。
(16) 同时移动 M、N 电极一段距离，重复第(7)、(8)步骤，直至完成整条剖面测量。
(17) 根据电极距，计算出每个测点的装置系数 K，求出 $\rho_s = \dfrac{K\Delta U}{I}$，并分别绘制出 ρ_s、η_s 草图。
(18) 整条剖面观测完毕后，进行 3~5 个点的检查观测，并计算平均相对误差。

$$\rho_s = \frac{1}{n}\sum_{i=1}^{n}\frac{2|\rho_{s_i}-\rho'_{s_i}|}{\rho_{s_i}+\rho'_{s_i}}\times 100\% \leqslant 7\% \tag{7-4}$$

式中：ρ_{s_i}、ρ'_{s_i} 分别为观测点 $i(i=1,\cdots,n)$ 的原始观测、检查观测的视电阻率值。

$$\eta_s = \frac{1}{n}\sum_{i=1}^{n}\frac{2|\eta_{s_i}-\eta'_{s_i}|}{\eta_{s_i}+\eta'_{s_i}}\times 100\% \leqslant 10\% \tag{7-5}$$

式中：η_{s_i}、η'_{s_i} 分别为观测点 $i(i=1,\cdots,n)$ 的原始观测、检查观测的视极化率值。

五、注意问题

(1) 记录员在记录数据的同时回报操作员的读数。
(2) 实验前先用细砂纸将铜电极打磨光亮。
(3) 电极入水宜在 2~3mm 之间。
(4) 电极之间距离要量准。

六、实验要求

(1)每组观测一条剖面并手绘草图。
(2)分析极距、埋深、点距对视极化率曲线的影响。
(3)每人编写一份实验报告。

七、思考题

(1)请试述所选装置对本组模型方法的有效性。
(2)试分析水槽侧壁对测量结果是否有影响。
(3)分析实验结果。
(4)体会与建议。

附：记录表格

时间域激发极化法中间梯度装置水槽实验记录表格

$AB=$ _____ m, $MN=$ _____ m

测点	K (m)	I_{AB} (mA)	ΔV_{MN} (mV)	ρ_s (Ωm)	η_{s_1} (%)	η_{s_2} (%)	η_{s_3} (%)	η_{s_4} (%)	备注

模型材质：_____ 尺　寸：_____ 产　状：_____ 位　置：_____

班　　组：_____　　　　　　记录员：_____

实验八　双频激电法中梯装置场地实验

一、实验目的

(1)学习 SQ-3C 双频激电仪的使用。
(2)了解并基本掌握双频激电法的野外工作布置和测量方法。

二、实验仪器及材料准备

SQ-3C 双频激电仪 1 套,直流电源箱 1 个,万用表 1 个,纯铜电极 4 根,不极化电极 1 对,带鳄鱼夹导线 4 根,测绳 1 根,锤子 1 把,短柄铲子 1 把,绝缘胶带若干,导线若干,记录纸 1 张,砂纸 1 张,铅笔,橡皮。

三、实验方法原理

双频激电法是频率域激发极化法中的一种方法,该方法研究岩(矿)石的激发极化效应随频率变化的特性。

原来的频率域激发极化法中的变频法,其工作原理是基于岩石的激发极化现象,通过观测此种激电效应来识别地下目标体(金属矿、石墨等)。在工作中选择合适的两个频率(f_G、f_D),为了获得明显的激发极化效应,选择一个低频率(记为 f_D)电流,使地下介质得到充分的激发,测得的 ΔV_D 中含有足够的激发极化响应(即二次场电位差),另一个电流的频率较高(记为 f_G),测得的 ΔV_G。对每个测点分别进行供电,测量 ΔV_G 和 ΔV_D,然后计算视幅频率(也称频散率)$F_s = \Delta V_G / \Delta V_D \times 100\%$。

变频法对每个测点都要分别以高、低两种频率进行观测,增加了观测时间,而且不同观测时间电流的稳定性及所受到的干扰也不尽相同,测量结果的精度难于提高。为克服变频法的不足,何继善院士提出了"双频道频域激电法"。双频道激电法的核心是同时供双频电流和同时观测双频电位差,利用双频发送机将包括高频和低频两种频率的电流合成具有特殊波形的双频电流供入地下(图 8-1),双频接收机同时接受经大地传导后的两种频率电流的响应,得到高频电位差 ΔV_G 和低频电位差 ΔV_D,然后利用式(8-1)计算视幅频率 F_s,也可以根据高频电位差 ΔV_G,供电电流 I,装置系数 K,利用式(8-2)计算得到视电阻率值 ρ_s。由于 F_s 是由频率变化而引起的一个无量纲的百分率,西方地球物理学家称它为"百分频率效应"(Percent Frequency Effect,PFE)。视幅频率 F_s 和视极化率 η_s 虽然数值不同,但变化规律相同,其在物理意义上是等效的。

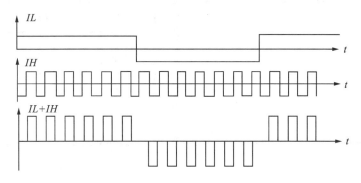

图 8-1 双频供电波形示意图

$$F_s = (\Delta V_D - \Delta V_G)/\Delta V_D \times 100\% \quad (8-1)$$
$$\rho_s = K \cdot V_G / I \quad (8-2)$$

双频激电不需要在断电后测量,要求的供电电流小,供电电流是时间域的几十分之一,因而装置轻便,效率高;双频激电也不需要变频,一次观测可同时获得 ΔV_D 和 ΔV_G 两个数据,进一步提高了效率。又因双频同时供电,同时测量,一些偶然因素对 ΔV_D 和 ΔV_G 的干扰相同,计算 F_s 时因相减而抵消,从而提高了精度。

四、实验过程

(一)仪器认知

双频激电法是在何继善院士发明的双频激电仪的基础上发展起来的一种频率域激电法,该方法曾在有色、地质、石油、煤炭、冶金等系统得到广泛应用,在普查找矿工作中也发挥了重要作用。

双频激电仪由接收机和发送机两部分组成,仪器面板如图 8-2 和图 8-3 所示。其中接收机主要由参数设置模块、校准模块、数据采集模块、数据和曲线查询模块、系统功能模块五大功能模块组成。发送机主要由参数设置模块、工作模块、校验模块、查询模块和系统功能模块五大模块组成(接收机和发送机的主界面如图 8-4 和图 8-5 所示)。

图 8-2 接收机面板

图 8-3 发送机面板

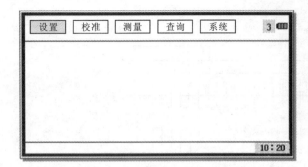
图 8-4 接收机主界面示意图
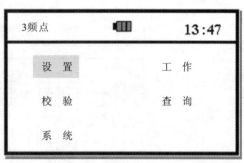
图 8-5 发送机主界面示意图

下面简要介绍各大模块的主要功能,具体请参阅仪器的说明书。

1. 接收机主要功能模块

参数设置模块:该模块可进行测区参数设置、测量方法及装置设置、时间日期设置。用户可根据实际需要操作接收机面板实现对接收机各参数的设置。

校准模块:该模块分为测量自检、温度补偿、外校及自校 4 个子功能。

①测量自检功能:此功能用于检查温度对接收机测量结果的影响。

②温度补偿功能:通过测量自检功能,如果温度对接收机测量结果影响较大,可以通过温度补偿功能,利用系统的自校信号对温度参数进行软件补偿,保证测量的准确度。

③外校功能:系统的外校功能应与自校功能相互配合,实现对系统校准。通过测量发送机输出的校验信号实现对接收机输入通道进行校准。

④自校功能:系统进行外校之后,随即应当进行系统自校,系统将由软件自动生成检验信号,保存于系统中,用于对接收机进行校正。

数据采集模块:该模块具有单点多次测量的功能,接收机在测量过程中可按"退出"键随时终止工作,可根据测量类型自动计算视电阻率 ρ_s。

查询功能模块:该模块可实现对剖面、测深和标本数据进行查询,并可根据测量的剖面数据或测深数据绘制剖面曲线和测深曲线。

系统功能模块:该模块包含查询系统状态、删除数据和恢复出厂参数 3 个功能,查询系统状态可显示用户关系的系统参数;删除数据可删除接收机测量的数据,但不删除系统参数;恢复出厂参数功能可将仪器的参数恢复到出厂设置同时删除接收机的测量数据。因数据删除功能和恢复出厂参数功能都会将测量数据删除,因此使用时请慎重操作。

2. 发送机主要功能模块

参数设置模块:该模块可进行发送波形的选择和波形参数的设置、电流记录时间间隔的设置、时间日期设置。

工作模块:该模块可完成设定波形的发送、过流过压的检测和保护。注意工作时绝对不能将接收机信号输入端直接接到 A、B 信号发送端,否则可能损坏接收机和造成其他意外伤害。

校验模块:该模块可产生校验信号,协助接收机完成外校工作。

查询模块:该模块可查询用户关心的系统状态和查询用户设置的时间段的电流数据。

系统功能模块：该模块包含删除数据和恢复出厂参数两个功能,删除数据可删除发送机测量的数据,但不删除系统参数;恢复出厂参数功能可将仪器的参数恢复到出厂设置同时删除发送机的电流数据。因数据删除功能和恢复出厂参数功能都会将测量数据删除,因此使用时请慎重操作。

(二)实验操作流程

(1)在室内进行接收机的自校及接收机和发射机的外校。在开展实验工作前,必须对仪器进行校准,否则采集的数据有可能是废数据。具体校准办法如下：

仪器开机自检通过后,在主菜单中选择"校准",仪器界面如图 8-6 所示。选择"4.自校"进入仪器自校功能,校验结束后,仪器显示如图 8-7 所示,若校准结果中 F_s 值都小于 0.2,则仪器自校通过,否则,需选择重校,直到结果满足要求。

图 8-6 校准功能图

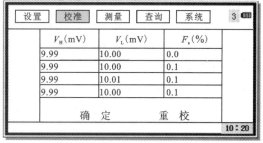

图 8-7 校、外校结果图

自校结束后,可以进行接收机和发送机的外校,如图 8-8 所示连接接收机与发送机,其中接收机的信号线接发送机的校验端子,发送机接 10~30V 的直流电源,通过"箭头"键,让发送机进入校验功能,通过校验电流调节旋钮将校验电流调整为 100mA,接收机上进入校准功能的外校即可开始接收机与发送机的外校。外校的结果同自校一样,F_s 值应小于 0.2,否则必须进行重校。

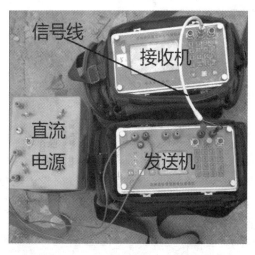

图 8-8 仪器外校接线示意图

自校、外校都通过后，则说明仪器工作正常，可以用于实验工作。建议在外校完成之后，将校准参数保存，然后保持连线和发送机的电流值不变，使用接收机的测量功能测量发送机的外校信号，测量结果 F_s 值应该在 0.1 以内(含 0.1)，且读数稳定。如果读数不稳定(经过 5 个读数周期后，数据稳定度 F_s 值在 0.3 以外)，则仪器不能用于实验或实际工作。

(2)准备不极化电极。因本实验要测量岩(矿)石的激电效应，故测量电极 M、N 不能使用普通的铜电极，应该使用不极化电极。在实验开始前的准备工作中，应在室内保养中的电极里挑选至少一对极差稳定(万用表直流 200mV 档，极差不高于 2mV)的不极化电极做测量电极 M、N 使用，挑选过程可以用两两遍历的方法。

(3)携带所需的仪器设备及材料到室外场地中，根据实际情况讨论测线布设方位，中梯装置的供电电极 AB 及测量电极 MN 的电极距、点距等参数，应注意中间梯度法的装置特点。

(4)根据讨论结果，布置测线，并布设好 A、B、M、N 电极，用电缆将电极和仪器分别接好，供电电极 A、B 的电缆接发送机，测量电极 M、N 的电缆接接收机，并检查布极和接线情况。注意，中间梯度法测量时，测量电极 M、N 的有效跑极范围是供电电极 AB 中点沿测线方向的两边各 1/6 的范围。测量时，可以平行主测线布设 3~5 条旁侧测线，同时进行数据采集工作。

(5)再次检查电源线、电极线是否连接完好无误。

(6)打开发送机电源开关，等待系统进入主菜单。

(7)在"设置"项中，通过"1.选择波形"来选择"双频波"，并选择合适的频点。其中 0 频点对应的频率为 1Hz 及 1/13Hz，1 频点对应的为 2Hz 及 2/13Hz，2 频点对应的是 4Hz 及 4/13Hz，3 频点对应的是 8Hz 及 8/13Hz(图 8-9)。

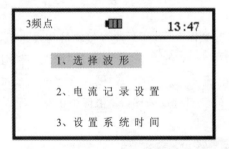 

图 8-9 波形选择

(8)选择"2.电流记录设置"，进入电流记录时间设置功能，界面如图 8-10 所示，其中 0 表示工作时电流，1~9 表示每隔 N 分钟记录一次电流数值，选择后，保存修改结果。直接按"退出"键则不保存修改结果。

(9)在发送机主菜单界面中，将光标移到"工作"项，按下"进入"键，让发送机进入工作状态，此时发送机会首先检测供电电极 AB 的接地电阻及外部电压，如果检测结果没有问题，则可以选择"工作"，让发送机按选定的频点对应的一对频率向供电电极 AB 发送双频电流。反之如图 8-11 所示的结果，提示供电电极 AB 的接地电阻过大，此时应采取措施以降低 AB 电极的接地电阻，以在工作中获取更大的供电电流。

(10)打开接收机电源开关，等待仪器进入系统主菜单。

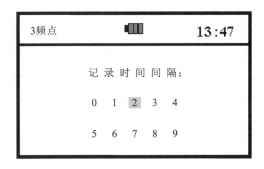
图 8-10 电流记录设置

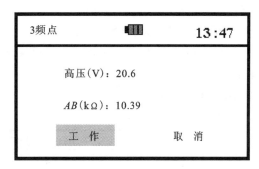
图 8-11 发送机工作之前的检测界面示意图

(11)将光标移动到"设置"项,设置"测区参数"。如测区号、测线号、测点号、天气、测点增量、当前频点号、操作员号及布极方向等多个参数进行设置。注意:当前频点应该和发送机的频点对应。

表 8-1 测区参数设置中各参数的输入范围

测区号	0~99	当前频点	0、1、2、3
测线号	−99~+99	测点号	−999.9~+999.9
天 气	晴天、阴天、小雨	测点增量	−9~+9
操作员	−99~+99	布极方向	NE90~NW90

(12)进入"测量方法及装置",系统提供"剖面""测深"和标本测量 3 种测量方法,其中"剖面"测量包含"中间梯度""对称四极""偶极偶极""温纳""二极"和"三极"6 种工作方法,"测深"测量包含"偶极偶极""对称四极""温纳""二极""三极"和"五极"6 种测量方式,可根据实际工作需要选择合适的测量方式。本次实验请选择"1.中梯",然后在其后出现的界面中(图 8-12)输入实际工作中梯剖面的装置参数。其他各种装置的参数设置请参考仪器说明书,不再赘述。

图 8-12 中间梯度法测量参数设置

(13)如果发现系统的时间和实际时间不符,可以将光标移动到设置成菜单中"3.时间日期",设置正确的数据采集时间。注意:此时间修改后,只对更改后采集的数据有效,之前采集的数据不会因此改变时间。

(14)按"退出"键,直到回到主菜单。在主菜单界面中将光标移动到"测量"功能项,按"进入"键进入测量功能,系统会要求输入电流和当前点号,其中电流为发送机上显示的发送电流,点号则根据实际工作设置及工作状态正确输入即可,系统随后自动进行增益调整,然后进入数据采集过程,界面显示如图8-13所示。仪器会持续采集数据,其中数据显示表格中最上面一行为最新一次的测量结果。

图8-13 接收机数据采集过程示意图

(15)按"退出"键退出采集过程,终止观测的条件一般为屏幕上显示的4个数据的数值没有太大的差异,也即数据已经稳定了,此时可以通过"箭头"键选择需要保存的单个测量数据,如果选择保存平均,则对当前屏幕上的数据进行平均计算后保存,如果选择重测,则放弃所有测量数据并重新开始测量。

(16)仪器操作员将保存的数据报给记录员,记录员在记录纸上记录。

(17)测量电极 M、N 按照设定的点距进行跑极,然后继续采集数据,直到将所有测点测量结束。

(18)在主菜单界面中,选择"查询"功能(界面如图8-14所示),可以进行剖面数据、测深数据、标本数据、剖面曲线及测深曲线的查询。记录员可以通过剖面数据查询功能进行采集数据的核对工作,也可以方便地使用剖面曲线查询功能,输入频点号及测线号,查询该测线的 F_s 和 ρ_s 曲线,如图8-15所示。

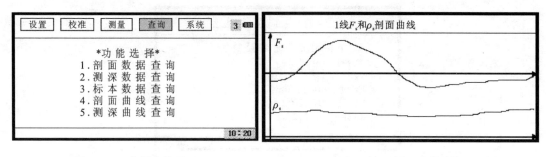

图8-14 数据查询界面　　　　图8-15 剖面曲线查询

(19)将发送机、接收机和电源箱都退出工作状态并关机。

(20)将所有拿到室外的主机、电极、电缆等分别收好并放回实验室。

五、注意问题

(1) 布设供电电极 A、B 时,应注意接地条件,必要时可以使用电极组的方式增大电极的接地面积,降低接地电阻的影响。

(2) 因供电电极 A、B 之间一直有电流在持续供入地下,附近应安排学生巡视(注意安全)。

(3) 测量电极 MN 使用的是不极化电极,需要挖坑埋放,在放置电极时,应注意电极底面与土壤的充分接触,坑底不要有草根、树叶、碎石等影响接地的干扰因素。

(4) 发送机在发送校验信号时,电压输入范围为 $10\sim25V$,不要用工作时的大电压来进行校验信号的发送,同时注意调节电流到 $100mA$。

(5) 发送机工作过程中,如果工作电流大于 $4A$,仪器会提示"过流保护,请退出工作",工作电压大于 $800V$ 时,会提示"过压保护,请退出工作"。请按提示进行相应的操作,以保证仪器能正常工作。

(6) 发送机在设置中选择波形时,请选择双频波及合适的频点号。

(7) 测量过程中,如果仪器操作员感觉环境温度的变化可能影响了测量结果时,可以进行一次测量自检。自检的结果如果有两个数据的 F_s 值大于 0.3,则说明仪器温度参数发生了变化,需要进行温度补偿。如果通过两次温度补偿后,4 个数据的 F_s 值还有大于 0.2 的,此时应对接收机重新进行温度补偿。温度补偿在主菜单的"校准"功能中。

(8) 接收机在开始测量时,需要输入供电电流,请准确地在发送机上读取该数据并正确输入,此参数将参与计算视电阻率。

(9) 采集数据前,要注意发送机和接收机是否在同一个频点号上。

六、实验要求

(1) 每组观测一条剖面并手绘草图。
(2) 画出本组测线布置图。
(3) 研究分析实验结果。
(4) 每人编写一份实验报告。

七、思考题

(1) 本组所选装置有何特点?请试述所选装置对本组模型方法有效性。
(2) 激发极化法工作布置与观测方法同直流电阻率法工作布置与观测方法有何异同?
(3) 若 A、B、M、N 不在一条直线上,对测量结果有什么影响?
(4) 如何正确选择合适的频点号?
(5) 分析实验结果。
(6) 体会与建议。

附:记录表格

双频激电法中梯装置场地实验记录表

日　期:_____　　地　点:_____
测区号:_____　测线号:_____　AB 极距:_____　MN 极距:_____

测点号	$\rho_s(\Omega\cdot m)$	$V_h(mV)$	F_s	$I(mA)$	备注

操作员:_____　　记录员:_____　　组长:_____

实验九 高密度电阻率法仪器认识实验

一、实验目的

(1) 学习高密度电阻率法仪器设备的使用。
(2) 了解高密度电阻率法场地试验的方法技术原理。
(3) 学习高密度电阻率法几种装置的工作方法。

二、实验仪器及材料准备

DUK-2 主机 1 台,MIS-60 通道转换器 1 台,直流电源箱 1 个,电缆 2 根,铜电极 63 根,铁锤 2 把,测绳 2 根(100m 和 50m 各 1 根),同步线 1 根,AB、MN 连接线各 1 根。

三、方法技术原理和特点

高密度电阻率法,作为电法勘探技术分支中的一种新型的阵列勘探方法技术,属于传统电阻率法范畴。高密度电阻率法的测量原理同传统的电阻率法相同,即通过供电电极 A、B 向地下供电建立电场,测量 M、N 电极之间的电位差,进而计算出视电阻率值,根据视电阻率剖面的分布特点对地下空间的异常分布特征进行定性或定量的分析。其最大的特点,同时也是与传统电阻率法的最大不同之处在于:①它的电极布设是一次性完成,在采集过程中通过主机或多路电极转换开关自动切换供电电极、测量电极及电极距的变化,测量过程中无需移动电极;②能有效地进行多种电极排列方式的参数测定;③兼具电测深和电剖面的特点,因而可以获得较丰富的信息。数据的采集和记录实现了自动化,采集速度快,避免了由于人工操作所出现的误差和错误。

四、方法技术及仪器发展概况

20 世纪 70 年代末期,英国学者设计了电测深偏置系统,实际上就是高密度电法的最初模式,80 年代中期,日本地质计测株式会社借助电极转换板实现了野外高密度电阻率法的数据采集,成功实现了电极的自动切换,但由于存在一些缺陷,没有充分发挥高密度电法的优势。直到 20 世纪 90 年代,随着电子计算机的普及和发展,高密度电阻法的优点才被越来越多的学者认识,经过 20 多年的发展,由原先的 3 种电极排列方式发展到联剖、施伦贝谢等十几种,使得高密度电法勘探能力得到了明显的提高。现在,随着仪器制造工艺、电子技术和计算机软硬件技术的飞速发展,高密度电阻率法在各个方面均取得了长足发展。

高密度电阻率法最早使用的仪器应该是 20 世纪 70 年代末期,英国学者 Johansson 博士设计的电测深系统。20 世纪 80 年代末期,原地质矿产部系统开始了高密度电阻率法及其应用技术的研究,最早以引进为主,随后国内研制了大约3～5种类型的仪器,如MIS-2微机多路电极转换器(原地质矿产部机械电子研究所)、MIR-IC多功能直流电测仪(原地质矿产部机械电子研究所)、HD-1及E60系列高密度工程电测系统(吉林大学)、DUK系列高密度电法处理系统(重庆地质仪器厂)、WGMD系列高密度电阻率测量系统(重庆奔腾数控技术研究所)、GMD系列高密度电法测量系统[中国地质大学(武汉)]。国外同期也研制了MCOHM-21(2116)高密度电阻率测量系统(日本OYO公司)以及SWIFT型高密度电法仪(美国AGI公司)等。

目前,国内高密度电阻率法硬件的研究程度已经较高,仪器形式也从原来的一线一极集中式发展到现在的一线多极分布式,仪器的体积、重量都在往轻量级发展,在自动化、稳定性及轻便性等方面进入了一个新水平。

五、高密度电阻率法仪器认识

本次实验用到的高密度电阻率法仪器主要由DUK-2高密度电法测量系统主机和MIS-60多路电极转换器组成,其中MIS-60多路电极转换器主要负责供电电极及测量电极的切换。

DUK-2主机是一个多功能的主机,它还可以作为DZD-6A多功能直流电法(激电)仪使用,两种工作模式的切换方式是在开机时同时按下"文件"键,然后,再根据需要进行相应的选择(图9-1),如果直接打开仪器电源开关,将延续上次使用的工作方式。本次实验使用DUK-2,选择后仪器主界面如图9-2所示。

图9-1 仪器选择界面　　　　图9-2 DUK-2主界面图

1. DUK-2主机面板简介

仪器面板如图9-3所示,主要分为仪器连接控制区(A)、屏幕显示区(B)、数字输入区(C)及功能选择区(D)。

仪器连接控制区(A):主要是供电电极A、B,测量电极M、N的接线柱,用以连接MIS-60多

路电极转换器的 A、B、M、N 接线柱；HV 为供电电源、连线、连接供电电源；RS-232 接口在工作时用于连接同步线与电极转换器进行数据交换及同步控制，在传输数据时用于连接计算机的串口；"ON"为仪器电源开关；功能区左侧红色按钮为背光灯开关，用于夜间查看屏幕内容；红色按钮下方为亮度调节旋钮，用于改变屏幕对比度，以适应环境光线的变化。

屏幕显示区(B)：主要用来显示所有的信息及测量结果。

数字输入区(C)：主要用来输入各种参数及选择项。

功能选择区(D)：主要用来进行仪器的功能选择。

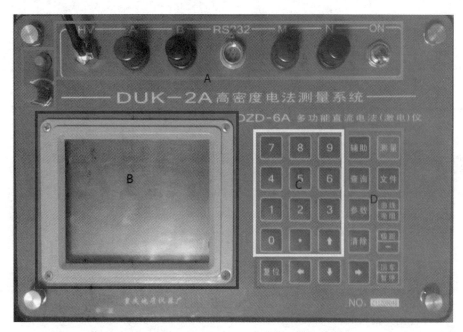

图9-3 DUK-2仪器面板图
(图例：A.仪器连接控制区；B.屏幕显示区；C.数字输入区；D.功能控制区)

2. 功能控制区简介

"辅助"功能键说明："辅助"键按下后，仪器显示如图9-4所示。其中："电池"键是检查仪器本身的电池电压，当电压小于 9.6V 时，应更换仪器电池；"自电"键是测量 MN 电极之间的自然电位差；"传输"键是将仪器中的数据通过 RS-232 接口传输到电脑中；"删除"键是删除仪器中保存的数据，只能一个文件一个文件地按文件号删除；"转换器检测"键是用来检测 MIS-60 多路电极转换器，每次工作开始前，或怀疑仪器有问题时，可以进行此项检查。

"查询"功能键说明：按下"查询"功能键后，仪器显示如图9-5所示。其中断面工作参数是显示缺省的工作参数；断面测量数据是显示特定的工作断面的实测数据，包含文件的断面号、点号及实测数据；断面文件表是显示仪器存储的所有断面文件信息，第一列为文件的断面号，第二列为断面中包含的测点点数，第三列为断面的工作方法(图9-6)。

图 9-4 辅助功能键主要功能图

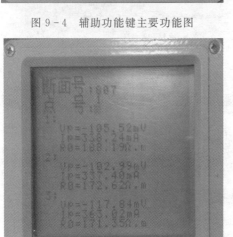

图 9-6 查询功能示意图
（左图为查询断面测量数据，右图为查询断面文件表）

图 9-5 查询功能键主要功能图

"参数"功能键说明：该功能键按下后，仪器显示如图 9-7 所示，可以输入默认参数，一般参数的输入可以在选择工作方式后再进行，故可不用此功能。

"清除"功能键说明：该功能主要用于输入错误信息后的清除。

"文件"功能键说明：该功能是本仪器的一大特色。根据高密度电阻率法的原理，每次工作都是同时打下一系列电极后由仪器自动进行跑极测量，每一次数据采集都是一个完整剖面，所有的数据都是自动采集、自动记录。所以，数据的保存不再是常规电法的单点模式，而是以断面文件的方

图 9-7 参数功能示意图

式存储。每一个剖面的数据采集都是从"文件"键开始,该功能主要用于建立测量的断面文件,按下此键后首先是选择工作模式,仪器共提供两种工作模式(图9-8),其中工作模式一(图9-8a)对应的是仪器提供的四极装置;工作模式二(图9-8b)对应的是仪器提供的非四极装置,如三极装置、自由二极等。用户可以根据工作任务,合理地选择工作模式及装置。

本指导书仅介绍常用的工作模式一中的温纳剖面和偶极剖面,其他的工作模式和装置请参阅附录。

a. 模式一

b. 模式二

图 9-8 工作模式界面图

"曲线/电阻"功能键说明:此功能键在仪器的两种工作方式中各有用途,在 DUK-2 中是电阻功能,此功能用来测量电极之间的接地电阻大小,每条测线开始进行数据采集前,必须通过此功能检查电极间的接地电阻是否大于 2K。使用此功能时,主机和 MIS 电极转换器之间必须用同步线进行连接,否则仪器会提示"通信出错"(图9-9),正确连接主机与电极转换器后,按下此键,仪器界面如图9-10所示。

图 9-9 通信出错示意图

图 9-10 接地电阻功能选择示意图

数据采集工作开始前,首先要进行的是接地电阻测量,选择后如图 9-11 所示。此时,开始电极(例如 1 号)和结束电极(例如 60 号)都可以手工输入。终止条件是指当电极之间接地电阻大于此数值时,仪器弹出对话框,暂停接地电阻检测(图 9-12)。具体流程如下所述:首先从电极 1 开始到电极总数为止进行检测,当第一次出现大于终止条件而跳出错误页面时,此时提示为后一个电极有问题,数值在 10K 以内时通常是因为接地条件不良,此时,可以通过浇水、浇盐水、打电极组的方式进行优化;如果数值大于 1M,需要检查线路(如电极是否没有接到线缆上等)。遇到接地电阻过大的情况,需及时处理,处理好后,可以将开始电极和结束电极设到问题电极的左右进行快速的复查,当所有问题电极都处理好后,最好再次从 1 号电极到 60 号电极检查接地电阻,确认所有电极都没有问题。

图 9-11 接地电阻测量示意图

图 9-12 接地电阻测量出错示意图

"电阻"功能键主要用于检测电极的接地电阻,通过此功能,可以在正式开始测量前,检查所有电极的接地电阻以指示出所有超出要求的电极。野外施工人员可以据此检查结果对超出要求的电极进行相应的处理,降低接地电阻,直到达到野外工作要求。在数据采集之前必须进行接地电阻检测工作。

"极距/—"功能键说明:此功能主要用于 DZD-6A 仪器中,在 DUK-2 中没有使用。

"回车/暂停"功能键说明:此功能在参数输入时是回车键,在数据采集过程中是暂停键。

"复位"功能键说明:此功能键,可以从仪器的任何界面/状态中,回到仪器主页面。

注意:如果在仪器采集过程中按下此键,所有已测数据都会丢失!

3. 常用装置工作方式说明

高密度电阻率法常用的三种工作装置为温纳剖面、偶极剖面及施贝剖面。

温纳剖面装置:电极排列规律是 A、M、N、B,其中 A、B 是供电电极,M、N 是测量电极,极距 $AM=MN=NB=n \times a$,a 为电极间距,n 为隔离系数,na 最大隔离系数决定了最大供电极距,此极距受电极个数的控制。跑极方式为逆向电测深的方式,即随着隔离系数 n 由 n_{max} 逐渐减小到 n_{min},4 个电极之间的间距也均匀地收拢。此装置适用于固定断面扫描测量,其特点是测量断面为倒梯形,电极排列如图 9-13 所示。

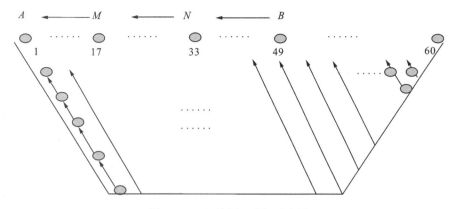

图 9-13 温纳剖面跑极示意图

当电极总数为 60,最大隔离系数 n_{max} 由 $n_{max} < P_{sum}/P_a - 1$ 计算得出,其中 P_{sum} 为有效电极总数,P_a 为同时工作的电极数,工作电极数为 4 时,$n_{max} < 20$,取 $n_{max} = 19$,此时测点数 $D = 60 - 3 \times 19 = 3$,数据点太少,故电极总数为 60 时,通常取 $n_{max} = 16$,此时电极转换规律如下所述:

第一步:$A = 1\#, M = 17\#, N = 33\#, B = 49\#$;

第二步:$A = 1\#, M = 16\#, N = 32\#, B = 48\#$;

……

第十六步:$A = 1\#, M = 2\#, N = 3\#, B = 4\#$;

十六步结束后,A 极开始跑极到 2# 电极,此时:

第一步:$A = 2\#, M = 18\#, N = 34\#, B = 50\#$;

……

第十六步:$A = 2\#, M = 3\#, N = 4\#, B = 5\#$。

当 A 极跑到 12# 电极的第十六步后,B 极会跑极到 61# 电极,对于总数 60 道的测量系统而言,已经没有电极可以跑了,这时就有两种选择,一种为不收敛方式即结束数据采集,形成一个 12×16 的平行四边形(图 9-14)。此方式可以方便地进行电极的滚动,进行长剖面的测量;一种为收敛方式,即减少 n_{max} 的数值,以适应实际电极总数,最终形成一个倒梯形。对于收敛的方式,每层剖面上的点数及测线(断面)上的总点数按式 $D_n = P_{sum} - (P_a - 1) \times n$ 计算,其中 n 为断面的层数,P_{sum} 为有效电极总数,P_a 为装置的电极数,D_n 为断面 n 上总点数。对于温纳剖面装置,当 $P_{sum} = 60, P_a = 4$ 时,第一层点数 $D_1 = 60 - (4-1) \times 1 = 57$,第十六层点数 $D_{16} = 60 - 3 \times 16 = 12$,总点数 $D_{sum} = 16 \times (D_1 + D_{16})/2 = 552$,仪器在正常采集结束后,会提示测点总数 552 个(注意:采用不收敛方式时,滚动电极完成长测线采集时,最后一个排列必须采用收敛的方式采集)。

偶极剖面装置:此装置也适用于固定断面扫描测量,测量时 $AB = BM = MN = a$,a 为电极间距。注意,此仪器在偶极装置时的工作方式和常规的偶极装置不一样。区别在于常规的偶极装置 AB 和 MN 的极距不变 $AB = MN = a$,而 BM 电极之间的距离 $BM = n_a$,当 n 增大时相应的探测深度增加。本仪器的偶极法跑极方法与温纳剖面法一样是逆向电测深的方式,只是改变了 A、B、M、N 电极之间的位置,故跑极方式不再详述(图 9-15)。此装置收敛时的最终结果也是一个倒梯形的断面,不收敛时也是一个平行四边形,其每层剖面上的点数及测线(断面)上的总点数计算公式同温纳剖面法。

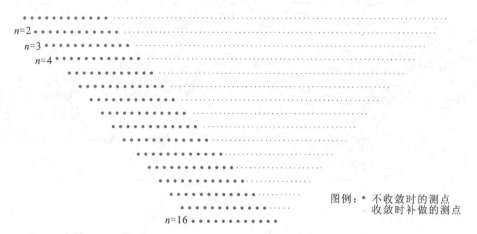

图 9-14　温纳剖面测量方式示意图

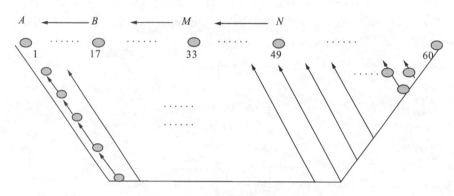

图 9-15　偶极剖面跑极示意图

施贝剖面装置：此装置类似于温纳法和偶极法，其跑极方式也类似（图 9-16），不同之处在于在一个逆向电测深的采集过程中，测量电极 MN 的极距保持不变，AB 电极逐渐向 MN 靠拢。当电极总数为 60，$n_{min}=1$，$n_{max}=16$ 时，电极转换规律如下所述：

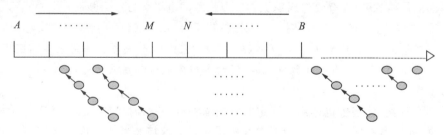

图 9-16　施贝剖面跑极示意图

第一步：$A=1\sharp$，$M=17\sharp$，$N=18\sharp$，$B=34\sharp$；
第二步：$A=2\sharp$，$M=17\sharp$，$N=18\sharp$，$B=33\sharp$；
……

第十六步:$A=16\sharp, M=17\sharp, N=18\sharp, B=19\sharp$;

十六步结束后,M极开始跑极到$18\sharp$电极,N电极跑极到$19\sharp$电极,此时

第一步:$A=2\sharp, M=18\sharp, N=19\sharp, B=35\sharp$;

……

第十六步:$A=17\sharp, M=18\sharp, N=19\sharp, B=20\sharp$。

直到A极在$57\sharp$电极,M极在$58\sharp$电极,N极在$59\sharp$电极,B极在$60\sharp$电极时采集结束。第一层的测点数$D_1=60-1.5\times 2=57$,从D_2开始,每层减少2个测点,$D_{16}=57-2\times 15=27$,$D_{sum}=(57+27)\times 16/2=672$,仪器正常采集结束,最终点数为672个点。

4. 高密度法仪器主要操作流程说明

在正确连接主机和多路电极转换器并开机后,主要的操作集中在DUK-2主机上。基本流程如下:

(1)按"辅助"功能键,检查主机电池电压。

(2)按"电阻"功能键,检查所有电极的接地电阻。

(3)按"文件"功能键,根据设计选择工作模式。

(4)在正确的工作模式下,选择需要的装置。

(5)设置正确的工作参数(图9-7)。其一为设置测量参数,此项可为数值0或1,数值0表示只采集视电阻率数据,数值1表示同时采集视电阻率和视极化率参数;其二为设置电极点距,按实际使用的电极点距输入;其三为设置最小隔离系数,前面章节中的最小层数n_{min}一般为1;其四为设置最大隔离系数即n_{max},按前述计算方式,60个电极最大可为19,但此时本层只有一个测点,故n_{max}一般设为16,也可根据实际工作需要进行改变;其五为设置开始电极号,根据实际情况,一般从1开始;其六为有效电极总数,根据实际使用的有效电极总数输入;最后一个收敛标志,此项可为0或1,0为不收敛,1为收敛。

(6)按"测量"键进入下一个参数设置界面,如图9-17所示。这里第一个参数工作断面即为文件号,此次采集的所有数据都会存入此文件号的文件中,系统支持4位文件号,第一位不能为0。供电脉宽、供电周期及画图比例3个参数按"默认"即可。

(7)打开供电电源开关,按下"回车"键,测量开始,屏幕显示如图9-17所示。

(8)采集结束后,显示采集的总点数,此时数据都已保存到仪器的存储中,按任意键都不会影响数据安全,如要结束工作,可直接关闭电源。

图9-17 工作断面参数示意图

六、注意问题

(1)连接同步线时,注意连接到主机上的接头(图9-18),在安装时一定不能旋转,只需将接头上的圆环拨动,对准接头和插座的凹槽,直接进行插拔。每个仪器同步线只有一根,一旦损坏,整套仪器将无法使用。

(2)只有在开始进行数据采集时再打开电源的开关。

(3)连接电缆和电极转换器时,一定要对准相应的凹槽后再旋转,同时注意不能使用蛮劲,防止将插头中的针脚弯曲。

(4)删除仪器中的文件数据时,一定要先确认该数据已经正确传输到电脑,该文件数据是不可恢复的。

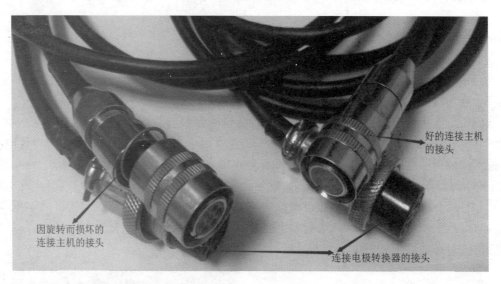

图9-18 同步线示意图

七、实验要求

(1)所有学生都动手实际操作一遍仪器,把所有流程都熟悉一遍。

(2)在学习、熟悉仪器的过程中,学生之间相互传授经验与方法。

八、思考

(1)隔离系数,最大电极距的关系是什么?

(2)收敛、不收敛两种采集方式的不同之处是什么?

(3)试算120道电极时的最大隔离系数,对应每一个隔离系数该层的测点数。

实验十　高密度电阻率法场地实验

一、实验目的

(1)进一步熟悉高密度电阻率法仪器设备的使用。
(2)了解高密度电阻率法场地实验的方法技术。
(3)熟悉高密度电阻率法各种装置的工作方法。

二、实验仪器及材料准备

DUK-2 主机 1 台，DUK-2 通道转换器 1 台，直流电源箱 1 个，电缆 2 根，铜电极 63 根，铁锤 2 把，测绳 2 根(100m 和 50m 各 1 根)，同步线 1 根，AB、MN 连接线各 1 根。

三、实验过程

本次实验为场地实验(场地实验的具体要求见附录)，在中国地质大学(武汉)校内试验场地进行，根据实际异常体的赋存特点和场地实际情况的要求，测线方向定为东西向。本次实验需完成 30m 长测线 2 条，测线极距为 0.5m 或 1m。

1. 实验分组

本次参加实验的学生可大致分为 3 组，分别为测线布设组、电极组、仪器组。因高密度法工作的特殊性，在实验数据采集前，需要大量人手确保实验装置及实验条件的完备，故测线布设组和电极组需安排更多学生。在装置布设完成后，测线布设组和电极组的学生可以加入到仪器组共同学习仪器的使用，只需少量学生待命进行电极的检查维护工作。

2. 测线布置、电极铺设及仪器检测

测线布设组的学生用地质罗盘或森林罗盘定向，用皮尺或测绳量距并布置测线，测线长度为 30m 或 60m。在测线布设过程中，要注意测线的方向，测绳或皮尺一定要保持直线状态，否则会对电极组学生布设电极造成困扰。

电极组的学生按 0.5m(对应 30m 测线)或 1m(对应 60m 测线)电极间距埋设 60 个电极。打电极时需首先清理电极位置上的杂草、落叶、石头等杂物，然后垂直打下电极，电极入土深度可以按照电极距的大小适当调整，应保证电极与土壤的充分、紧密接触，不能松动，如果电极位置有石头不能打入足够的深度，可以适当沿垂直测线方向调整电极位置，一定要保证电极与土壤的良好接地情况，以降低电极的接地电阻。打电极的同时，可以安排 2~4 个学生沿测线铺设电缆。本次实验每根电缆上有 30 个电极插口，布设时注意将电缆上对应的电极插口放置在对应的电极附近,方便核对和将电极连接到电缆上,铺设电缆后,要仔细挨个检查电极和电缆的连接,一定注意不能让电极和对应的电缆插口错位,一旦错位会严重影响数据采集的正确性,甚至造成整条测线数据的作废。电缆铺设完成后,将相应的电缆接头放到仪器所在的位置,并告知仪器操作员此电缆对应的电极范围(1~30 或 31~60),方便操作员正确连接主机和电缆。电极布设完成后,可以留部分学生在电极旁,在检测接地电阻时,针对性地处理有问题的电极。

仪器组的学生在此期间,进行仪器检测,如仪器电池电量检测和通道转换器的检测(此部分检测也可以在室内时完成)。通道转换器的检测,在每次工作前一定要进行,必须保证通道转换器能正常工作,否则在数据采集过程中会有很多的麻烦,更会影响数据采集的质量,甚至造成采集数据的作废。具体检测过程如下:

(1)打开通道检测器的电池盒盒盖,装入两节 1 号电池。

(2)用一头对四头的导线将通道检测器与 MIS-60 通道转换器进行连接,同时将通道检测器上 2 个 32 芯插头与通道转换器上的 2 个 32 芯插头对应连接。

(3)将通道转换器与主机用同步线进行连接,如图 10-1 所示。

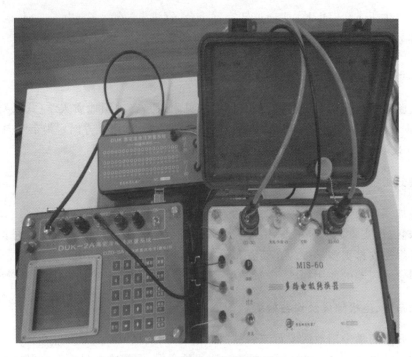

图 10-1 通道检测仪器连线图

(4)打开主机、通道转换器电源,在主机的辅助菜单中选择"5.通道转换器检测"。

(5)选择"1.自动检测"或"2.手动检测"。其中 1 为自动步进检测,2 为手动步进检测,即每次检测都要手工确认。

(6)开始检测后,仪器显示如图 10-2 所示,其中,A、M、N、B 四行所显示的数字,分别指每一步转换接通到 A、M、N、B 四个通道上的电极序号。同时,通道检测器会发出"咔嗒咔嗒"的声音,对应的指示灯会分别亮起,如果发现某个通道(A、M、N、B)对应的指示灯不亮,则说明其对应的通道继电器有故障,需要对其进行检查或更换,如果检测时对应灯正确亮起,则无问题。全部通道检测完成后,仪器会停留在最后一个电极处。

图 10-2　DUK-2 通道检测示意图

(7)如果检测过程中出现问题,进行相应的处理工作后,可以再次进行检测,此时可以选择手动检测。

3. 系统连接

将高密度电阻率仪器主机、多路电极转换器、电缆、电极器以及直流电池箱等按图 10-3 连接。连接过程中,注意:①同步线和主机连接时,一定不要进行旋转,以免造成接头的损坏;

②连接供电电极 AB 的接线应使用多股的或者相对粗一些的电缆；③仪器连接过程中，不要打开直流源的开关；④连接电极的电缆一定要注意方向性，否则会造成测线方向的改变。

图 10-3　高密度采集系统连接示意图

图 10-4　电极连接示意图

4. 接地电阻检测

在系统连接准确无误后,打开高密度电阻率仪器主机、多路电极转换器的电源开关。仪器正常开机后,按"辅助"键,检查主机电池电压,需符合仪器正常工作的要求,否则应立即更换电池。

主机正常工作后,按"电阻"键,如果同步线没有连接或存在问题,屏幕会显示"通信出错"(图10-5),此时可以连接同步线或检查同步线。正确连接同步线后,仪器显示如图10-6所示,选择接地电阻测量。在其后的屏幕中设置开始电极号、结束电极号及终止条件,终止条件可设置为10K。随后仪器会自动从开始电极号到结束电极号,按顺序检测相邻的两个电极之间的接地电阻,仪器显示如图10-6所示。如果在检测中出现错误提示,则说明对应屏幕显示的两个电极之间的接地电阻超出了终止条件。根据实际情况可知,此时应该是后一个电极出现问题,如(9,10),提示为10号电极接地条件不好。此时,因要求在电极附近待命的同学检

图 10-5 检查线路连接显示

查该电极所在位置的接地条件、电极和电缆的连接情况等,可以通过浇盐水或沿垂直测线的方向重新在附近找地方打下电极或再打下 N 根电极构成电极组。处理结束后,通知仪器操作组的学生重新进行该电极的接地电阻检测,直到该组电极的接地电阻符合实验要求。为节约时间,可以在出现问题后,通知电极组的学生处理该电极问题时,在仪器上选择跳过该电极进行后续电极检测,在检测完成后,针对性设置开始电极号和结束电极号,只检测处理过的有问题的电极,直到符合要求。所有有问题的电极都处理完成后,再次从第一个到最后一个电极进行一次检测,以保证所有电极的接地电阻都符合实验要求。电阻功能键的第二个菜单"2.查看接地电阻"是用来回看刚刚检测的结果,此时可以仔细地检查两两每组电极之间的接地电阻是否符合规范要求。

图 10-6 接地电阻检测仪器示意图

注意:此过程一定要严格执行,仪器组和电极组的学生共同配合,尽量在开始工作前,保证所有电极都符合要求,以保证数据采集过程中不会出现因电极接地不良而造成的供电电流太小不得不暂停采集的情况。

5. 采集参数设置

(1)按"文件"键,选择工作模式,在满足需要的工作模式(本次实验可选择工作模式一)中选择工作方式。

(2)在相应的工作方式中,设置如下参数(图 10-7):

A. 测量参数,按是否采集极化率数据设置为 1 或 0(1 为采集极化率数据,0 为只采集视电阻率数据)。

B. 电极点距,按实际电极极距设置。

C. 最小隔离系数,一般为 1。

D. 最大隔离系数,一般为 16,或者按照实际工作需要输入。

E. 开始电极,一般为 1。

F. 有效电极总数,一般为 60,或者按照实际工作使用的输入。

G. 收敛标志,如果不做长剖面的滚动测量,参数为 1,反之为 0(详见上一节)。

图 10-7 参数设置图一

图 10-8 参数设置图二

(3)按"测量"键进入下一级菜单,在菜单中设置工作断面的文件号,可以用四位数字表示。供电脉宽、供电周期及画图比例 3 个参数可直接用默认。

(4)打开电源开关,按"回车"键开始测量,仪器显示如图 10-9 所示。其中 $V(3\quad1)=206.50\text{mV}$ 是 A 在 1 号电极位置,隔离系数为 3 时,测量电极 MN 之间的电位差为 206.50mV(此时 $A=1, B=10, M=4, N=7$);$I(3\quad1)=151.64\text{mA}$ 是 A 在 1 号电极,隔离系数为 3 时,AB 电极的供电电流。由此图可看出,数据采集过程中,是从最大隔离系数开始往最小隔离系数逆向进行的,图中每一个点就是 1 个测点。

采集过程中,注意观察供电电流及电位差的大小,如果供电电流太小,仪器会弹出窗口并停止数据采集,等待下一步的指令,此时可以查看相应的工作电极,检查并解决电极问题或者

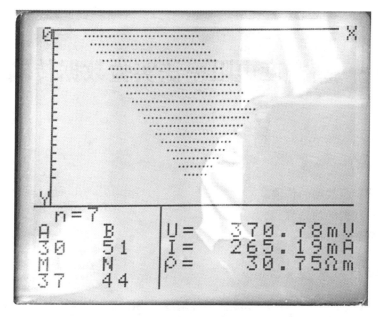

图 10-9 采集过程仪器显示图

检查并解决电源问题(如电源电压太低)然后选择重测;如果已知问题都已经检查和处理,仍不能满足观测要求(如电缆通道原因,无法当时解决),可选择跳过;如果采集过程中有问题的测点过多,此时也可以选择终止采集,该工作断面会在进行下一次采集之前保留。

(5)采集完成后,可重复(1)~(4)的步骤,进行其他工作方式的数据采集,建议学生在同一条测线上,进行偶极剖面、温纳剖面和施贝剖面的数据采集工作,以获取更多更丰富的野外数据。

四、注意问题

(1)因需要用到的仪器设备及材料较多,请学生在实验开始前协助老师一起搬运实验材料到实验场地。

(2)铺设及回收电缆时,切记不要用力拖动,以防拉断电缆内芯。

(3)连接仪器时,注意接头的连接方法,不要损坏接头。

(4)开始测量前再打开直流电源的开关。

(5)采集过程中注意观察屏幕上的图形及数据。

五、思考题

(1)观测系统的概念是什么?

(2)各种采集参数的含义是什么?

(3)不同工作方式的优缺点是什么?

实验十一　高密度电阻率法实验数据传输与处理

一、实验目的

(1)学习野外实测数据的传输。
(2)学习实测数据的预处理。
(3)学习实测数据的反演。

二、实验器材及准备

DUK-2(DZD-6A)主机,RS-232 数据传输线,USB 转 RS-232 转换线 1 根,笔记本或台式机 1 台,电法电阻率数据传输软件及处理软件。

三、实验过程

1. 数据传输

(1)通过 RS-232 数据线将 DUK-2 主机与计算机连接。如计算机上没有 RS-232 串口,则使用 USB 转 RS-232 转换线将主机和计算机连接(需安装转换线的驱动)。

(2)在计算机上安装数据传输软件并运行。注意:软件中应正确选择端口号,如 COM1、COM2……,否则无法正确传输数据。对于正确的端口号,如果是直接接在有物理串口的台式机或笔记本上,则根据实际接口情况选择,一般为 COM1 或 COM2;如果是使用 USB 转 RS-232 的转换器添加的虚拟串口,可以在设备管理器中查看,如图 11-1 所示。

(3)打开主机电源,选择"辅助"功能键并选择"3.传输"(图 11-2)。

(4)输入要传输的文件号,按下"回车"键,仪器将自动进行数据传输,传输软件上将同步显示传输的内容(图 11-3)。

(5)数据传输完成后,先停止接收,然后选择"保存数据"。这里保存的数据是原始数据,按照采集顺序依次保存下来的,没有测线、测点的信息,如果要使用这些数据,必须进行数据转换,将测线、测点等坐标信息加入。

(6)继续重复第(3)～(5)的操作,直到将所有采集的数据传输。

(7)数据转换。如步骤(5)所述,原始数据必须经过转换,添加坐标信息才能用于数据处理和反演。

可以使用传输软件自带的数据转换功能进行数据转换,转换格式有"SURFER 格式""李晓晴格式"和"瑞典 ABEM 格式"(图 11-4)。

SURFER 格式,可以用 Golden Surfer 软件对原始数据进行网格化并绘图,以显示原始数据的二维地电断面图。

图 11-1　查看虚拟串口的端口号示意图

图 11-2　传输数据仪器端显示图

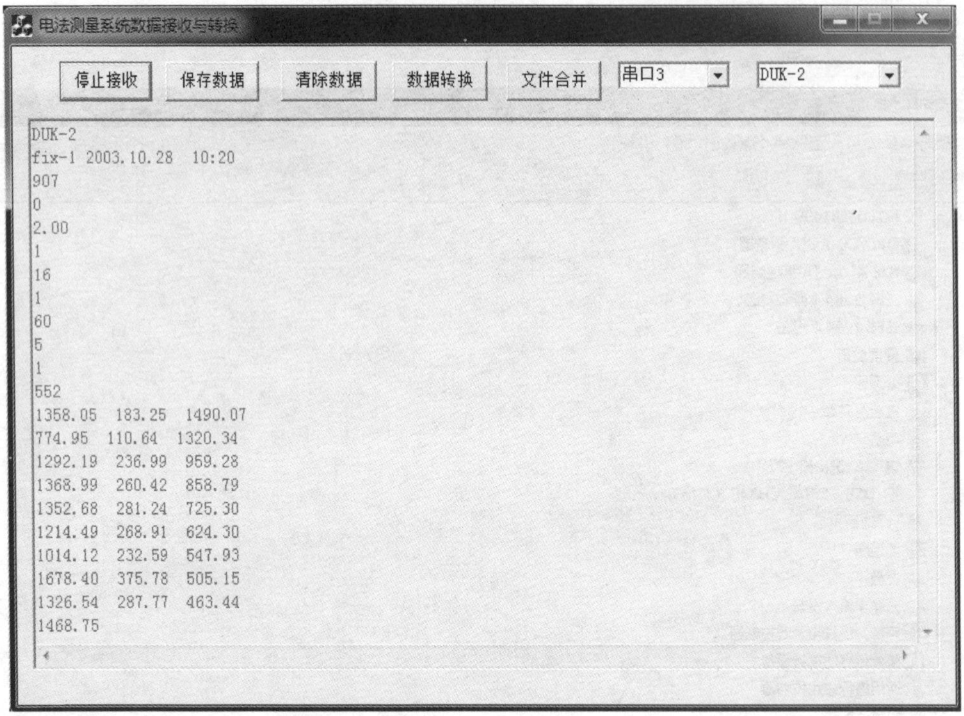

图 11-3　数据传输软件显示示意图

图 11-4　数据转换格式示意图

李晓晴格式则需要用其专用软件进行后续的操作,专用软件在仪器厂附赠的软件中。

瑞典 ABEM 格式,则是瑞典著名高密度反演软件 RESD2DINV 对应的数据。该软件可以简单、方便地对高密度数据进行各种处理及反演成图,该软件提供功能上略有缩水的试用版。

本指导书主要以瑞典反演软件的试用版进行高密度的数据处理,建议学生在实际工作中使用正版授权的软件,以尊重知识产权。

转换前后的数据差别如图 11-5 所示,图 11-5a 为转换前的原始数据,对比图 11-3 可知,此数据是仪器内存储的格式,为方便学生理解,简要说明每行数据的含义:

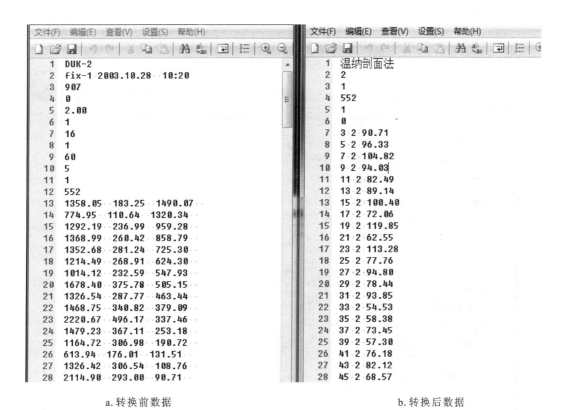

a.转换前数据　　　　　　　　　　　　b.转换后数据

图 11-5　转换前后数据对比示意图

第一行　DUK-2　　　　　　　　DUK-2 仪器采集的数据

第二行　fix-1 2003.10.28　10:20　本意为数据采集的时间日期,但目前还没有实际记录

第三行　907　　　　　　　　　　记录文件的文件号

第四行　0　　　　　　　　　　　工作所用的装置

第五行　2.00　　　　　　　　　电极的极距

第六行　1　　　　　　　　　　　最小隔离系数

第七行　16　　　　　　　　　　最大隔离系数

第八行　1　　　　　　　　　　　开始电极号

第九行　60　　　　　　　　　　有效电极总数
第十行　5　　　　　　　　　　 温施隔离系数
第十一行 1　　　　　　　　　　收敛标志(1 为收敛,0 为不收敛)
第十二行 552　　　　　　　　　采集的有效总点数
第十三行 1358.05　183.25　1490.07　实际采集的数据分别为测量电极 MN 之间的电位差、供电电极 AB 的供电电流、视电阻率

2. 数据处理

(1)安装并运行软件。

(2)读入数据文件。

选择文件选项时,文件下的菜单选择显示出来(图 11-6)。

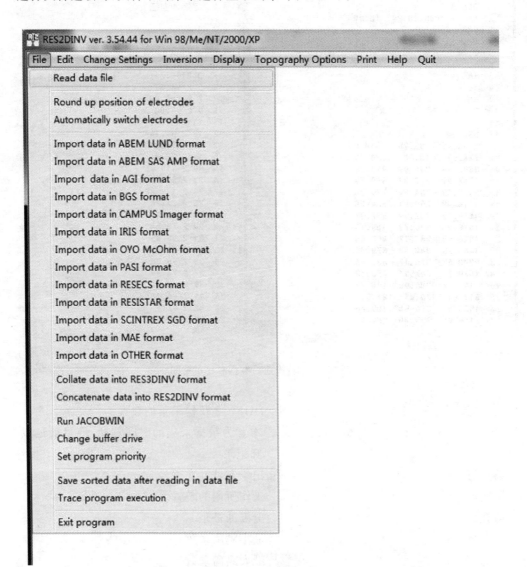

图 11-6　数据读取菜单示意图

读数据文件(Read Data File):选择这个选项时,当前直接目录下的扩展名为".dat"的文件列表将显示。可以使用鼠标或键盘来选择适当的文件,或者改变子目录。

数据文件可以使用任何一般的目标文本编辑器,像 Windows 下的记事本程序等来打开和编辑,这个数据被整理成一个 ASCII 限制的方式,文件格式如下所述。

902.dat	第一行:测线的名字
1.0	第二行:最小的电极间距
1	第三行:排列类型(温纳=1,二极=2,偶极-偶极=3,联剖=6,施伦贝谢=7)
552	第四行:测量数据点总数
1	第五行:测量数据点的×位置的类型。如果所表示的×位置是排列的第一个电极的位置,输入 0;如果是排列的中点(也就是在拟断面中的测量数据点的位置)被使用,输入 1
0	第六行:IP 数据标志(输入 0 仅是电阻率数据)
4.50 3.0 84.9	第七行:第一个数据点的×位置,电极间距和已测的视电阻率值。
7.50 3.0 62.8	第八行:第二个数据点的×位置,电极间距和已测的视电阻率值。

其他测量数据点信息与第七、八行相似。结束之后跟随 4 个 0,这是隐藏其他特征的标志。

注意:此程序假定数据点的×位置从拟断面的左边到右边是递增的,如果在数据组中的×位置被按照另外的方式整理,当显示在屏幕上时此拟断面将表现为一个从左到右被扭转的拟断面。

数据正确读入后,屏幕上会显示相关的参数信息,如果程序在读取过程中出现问题,一个最可能的原因就是输入数据格式错误导致,此时首先应检查数据文件的格式。程序在读取数据时会试图检测一些共性错误,如零或负的视电阻率值等,当出现异常的视电阻率值时,程序通常只是给出相应的警告信息。

导入×××格式数据(Import Data in ××× Format):此选项允许读入其他软件的数据格式,那些软件通常是其他高密度电阻率仪器系统制造商提供的。

运行 JACOBWIN(Run JACOBWIN):此选项将产生最优化反演迭代程序所需的一些支持文件,一般应在安装此反演软件之后首先运行,JACOBWIN 仅需运行一次。

(3) 编辑数据。数据正确读入后,就可以开始对原始数据进行简单的编辑。

当在主菜单中选择"编辑(Edit)"后,显示如下菜单,如图 11-7 所示。

删除坏点(Exterminate bad datum points):在这个选项中,视电阻率数据值以断面图的形式显示,可以用鼠标来删除任何坏数据点。本选项的主要目的是删除那些视电阻率值有明显错误的数据点。这些坏数据点可能源于某个电极的连接失效(接地电阻太高),干燥的土壤中电极接触不良或由于非常潮湿的环境条件下导致的电缆短路等。这些坏数据点通常有比相邻点奇高或奇低的视电阻率值。处理这些坏数据点的最好办法是剔除它们,使之不影响反演获得的模型,图 11-8 为有坏数据点的资料示例,移动鼠标的十字光标到数据点,点击鼠标左键,便可以删除该点数据,数据点的颜色会从黑色变化为紫色。如果再次点击同一个数据点,数据则会恢复。处理完所有数据后,可以保存并退出数据编辑。

截取数据(Splice large data sets):此选项用于数据文件中数据点过多,超过了计算机硬件或软件的最大容量,无法一次性进行反演处理时。该选项可以选择剖面数据资料中的某一段

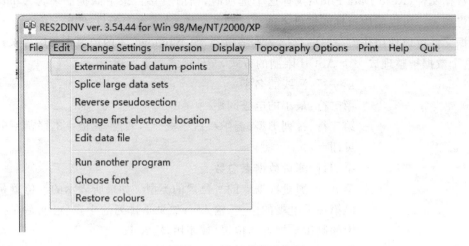

图 11-7　编辑菜单示意图

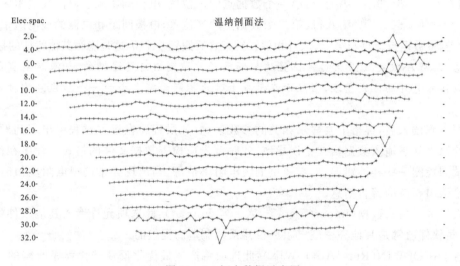

图 11-8　坏点数据示意图

进行反演。选择该选项后,将以拟断面图的形式显示出数据点,用左右箭头或 Home、PgUp 键移动数据段左电极边界,用 Ended、PgDn 或[、]键移动数据段右电极边界,用"—"或"="键同时移动数据段的左右电极边界,用上下箭头键选择数据层,用 D 键隔断删除所选择的数据点,用 E 键删除所选层的所有数据点,按键的说明均显示在屏幕上。已被选择了的数据点以紫色十字或点标记,而余下的数据点为黑色。段的左、右边界在拟断面图上部用黄色垂直线表示。程序可以读入包括 1 200 个电极的数据文件。选取了欲反演的子数据段后,应该选取 "Exterminate bad dammpoints" 选项检查坏数据点。

剖面反向(Reverse pseudosection):此选项可以左右倒转拟断面图。

改变首电极号(Change first electrode location):此选项允许变更剖面线上首电极的编号。

编辑数据(Edit data file):此选项将调用默认文字编辑器(如 NOTEPAD)进行数据编辑,欲返回反演程序,必须先保存并退出文字编辑程序。

运行其他程序(Run another programe):此选项能够在 Windows 中调用其他程序。

(4)设置用于反演的参数(图 11-9)。这个软件内置有一套为阻尼系数和其他变量预先定义好的设置,一般都能使大多数数据组给出令人满意的反演结果。然而,在有些情况下,通过修改这些控制反演过程的参数,可以得到更好的结果。当选择"改变设置"选项时,菜单选项的下拉列表就会显示出来,这里只选择部分参数进行说明,详细的说明可以参考程序的使用说明。

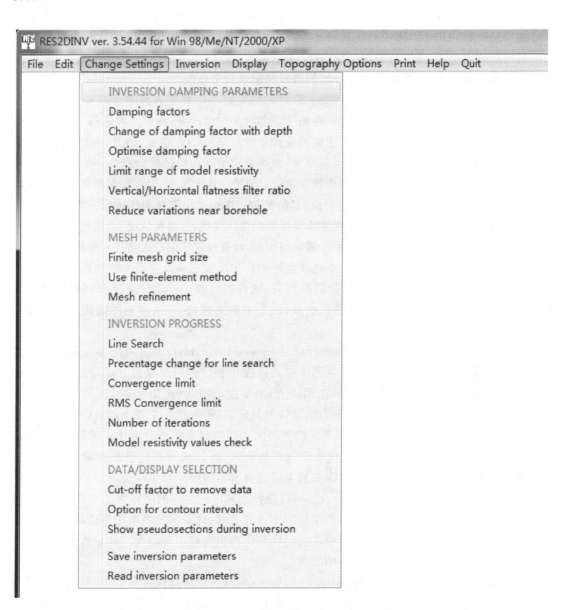

图 11-9 参数设置菜单示意图

阻尼系数(Damping factors):在这个选项里,可以给阻尼系数设置初始值以及最小的阻尼系数。如果数据组有非常大的噪声,宜使用一个相对较大的阻尼系数(例如0.3),如果数据组噪声较低,宜使用一个较小的初始阻尼系数(例如0.1)。反演子程序将在每一次迭代后逐渐减少阻尼系数。

注意:必须设置一个最小的阻尼系数来稳定反演过程。这个最小值通常设置为阻尼系数初始值的1/5左右。

阻尼深度系数(Change of damping factor with depth):由于电阻率法的分辨率随着深度的增加而呈指数的减小。为了稳定反演过程,在最小二乘反演中使用的阻尼系数通常也随着每一层的加深而增加,通常每加深一层,这个阻尼系数就增加1.2倍。如果模型显示出较低段的电阻率值明显不稳定,改用较大的系数值可以抑制这种不稳定。

行搜索(Line search):反演程序借助于解阻尼约束最小二乘法方程来修改模型,通常,参数修改矢量 d 将减小模型的均方误差。在均方误差增加的情况下,面临3种选择,一种是使用四次内插法来为模型模块的电阻率改变找到最佳步长以降低均方误差,但是可能会被陷在局部极小值中;另一种是不理会这次的误差增大,而寄希望于下一次迭代会产生一个较小的均方误差。这可能跳过一个区域最小值,但也能导致误差更进一步地增大;第三种选择是在每一次迭代都执行线性搜索,这通常会得到最佳步长,但是在每一次迭代中需要至少进行一次提前计算,如果能减少用于使均方误差降低到可接受水平所需的迭代次数,在某种情况下,这些额外的计算是值得的。由于头两次迭代的均方误差一般都很大,本设置仅仅从第三次迭代开始起作用。

迭代次数(Number of iteration):本选项允许用户为反演过程设置最大的迭代次数。默认的最大迭代次数设置为5。对于大多数资料而言,这可能足够了。当反演过程到达这个最大限制时,程序将询问用户是否在增加迭代次数,通常不需要进行10次以上的迭代。试用版只能迭代3次。

垂直/水平滤波比(Vertical to horizontal flatness filter ratio):本选项能够为垂直滤波器及水平滤波器选择阻尼系数的比。默认两个滤波器使用相同的阻尼系数。但是,如果拟断面上的异常沿垂向延长,那么可以选取较高的垂直/水平度滤波比(例如2.0),以迫使程序反演出的模型沿垂向延长。反之,对于水平方向延伸的异常,只需选择一个较小的值(例如0.5)。

收敛极限(Convergence limit):本选项设置两次迭代均方误差相对变化率的最低限,默认值为5%。当两次迭代的均方误差变化小于收敛极限时,可以认为迭代已经收敛。程序使用均方误差的相对变化而不是绝对均方误差值来适应具有不同噪声水平的资料。

有限差分网格(Finite mesh grid size):可以选择相邻电极之间的网格为2、4或者6。该网格由正演程序所使用。每一电极间距的网格为4或者6时,计算出的视电阻率值将更精确(特别是电阻率差异很大时),而计算机所要求的时间和内存也要相应地增大。如果数据涉及到的电极数大于90时,默认使用2个节点的选项。

模型电阻率值的检查(Model resistivity values check):反演迭代过程中,如果模型电阻率值变得太大(超过视电阻率最大值的20倍)或者太小(低于视电阻率最小值的1/20),程序将显示一个警告。这个选项允许关闭这个警告。

(5)进行反演计算。设置完参数后,可以点击反演(Inversion)菜单进行反演操作。此菜单可以对已经读入的数据进行反演,也可以显示被反演模型所使用的模块的排列并进行简单的修改和设置(图11-10)。

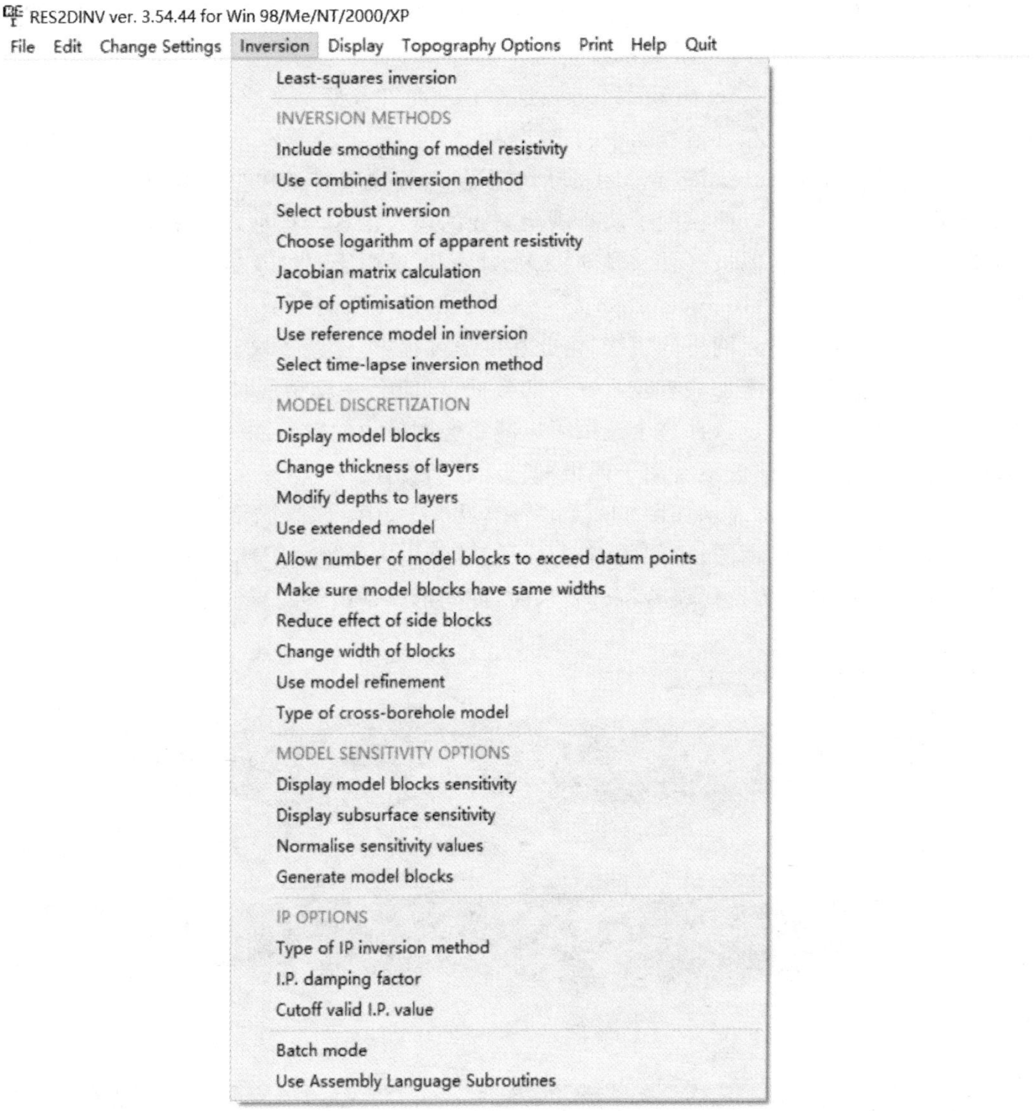

实验十一 高密度电阻率法实验数据传输与处理

```
RES2DINV ver. 3.54.44 for Win 98/Me/NT/2000/XP
File  Edit  Change Settings  Inversion  Display  Topography  Options  Print  Help  Quit
                                ┌─────────────────────────────────────────┐
                                │ Least-squares inversion                 │
                                │ INVERSION METHODS                       │
                                │ Include smoothing of model resistivity  │
                                │ Use combined inversion method           │
                                │ Select robust inversion                 │
                                │ Choose logarithm of apparent resistivity│
                                │ Jacobian matrix calculation             │
                                │ Type of optimisation method             │
                                │ Use reference model in inversion        │
                                │ Select time-lapse inversion method      │
                                │ MODEL DISCRETIZATION                    │
                                │ Display model blocks                    │
                                │ Change thickness of layers              │
                                │ Modify depths to layers                 │
                                │ Use extended model                      │
                                │ Allow number of model blocks to exceed datum points │
                                │ Make sure model blocks have same widths │
                                │ Reduce effect of side blocks            │
                                │ Change width of blocks                  │
                                │ Use model refinement                    │
                                │ Type of cross-borehole model            │
                                │ MODEL SENSITIVITY OPTIONS               │
                                │ Display model blocks sensitivity        │
                                │ Display subsurface sensitivity          │
                                │ Normalise sensitivity values            │
                                │ Generate model blocks                   │
                                │ IP OPTIONS                              │
                                │ Type of IP inversion method             │
                                │ I.P. damping factor                     │
                                │ Cutoff valid I.P. value                 │
                                │ Batch mode                              │
                                │ Use Assembly Language Subroutines       │
                                └─────────────────────────────────────────┘
```

图 11-10 反演菜单示意图

最小二乘法反演（Least-squares inversion）：这个选项将开始最小平方反演计算。

通过改变反演模型的参数，如模型层厚度、修改模型层深度、使用扩展模型等都可以改变反演结果，以达到更好的或较好的效果。

显示模型模块（Display model blocks）：这个选项将使用模型子块的方式显示用来反演的模型及测量数据的分配。

模型层厚度（Change thickness of layers）：在这个选项里，能选择一个模型，使其每一个更深层的层厚增加为 10% 或者为 25%，如果数据层数很少（8 层或更小），则宜选 10% 选项。如果有很多稀疏数据层，选择 25% 的选项可能会更好一些。也可以选择用户自定义的模型，指定第一层厚度和相邻下一层的厚度增加系数。第一层的层厚以第一层的实际层厚与单位电极距的比值给出。例如:如果使用 0.5 这个值表示第一层的实际厚度是测线上的两个相邻电极之间距离的一半。第一层厚度可接受的值是 0.30～0.90。从第二层往下,每一层的厚度都比上一层大,增大的厚度由厚度增加系数决定。

修改层的深度(Modify depth of layers):这个选项允许改变反演模型使用的层的厚度,以便一些边界的厚度与钻井和其他数据中的已知厚度重合。

使用扩展模型(Use extended model):默认情况下,程序安排的模型子块仅排满在含有数据点的区域。这个选项可以使模型子块排满至测线的边缘。这个选项仅仅使用于在近测线边缘具有较高模型灵敏度的偶极-偶极、联剖、二极测量,不可用于温纳及温施装置。

减小旁侧模块的影响(Reduce effect of side blocks):在反演模型中,在两边及底部的模块延伸至有限差分或者有限元网格的边缘,由此在反演过程中,这些子块比相邻的内部子块具有相对较高的权重。特别对于那些有较高噪声的数据,可能会在模型底部左右角出现不正常的高或者低的电阻率值。通过选择这个选项可以减小旁侧模块的影响而降低这种效应。本选项常用于温纳或温施装置,建议不要用于偶极-偶极、联剖装置。

反演迭代结束后,屏幕显示如图 11-11 所示,共有上、中、下 3 个图形,其中最上面的图形是实测数据的视电阻率断面图;中间的图形是反演计算出来的视电阻率断面图;最下面的图形是用来反演计算的模型,当迭代误差符合要求时,此图形就是最终的反演结果。

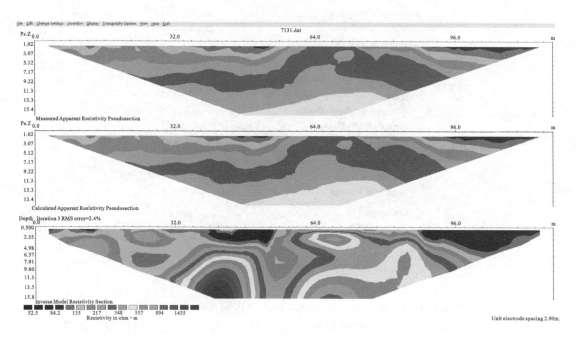

图 11-11 反演结果示意图

(6)保存反演结果。试用版软件在反演结束后,可以将反演结果保存为图片,正式版软件则可以将反演结果保存成文件,后续可以对结果文件进行进一步的分析。

四、注意问题

(1)数据传输时,一定要在电脑软件上先点击"接收数据",否则会因为丢失部分数据而造成传输的数据作废。

(2)传输数据后,一定要先停止接收,然后才能保存数据。

(3)数据一定要经过转换,才能用来进一步处理。

(4)反演软件的使用要多学多练。

五、思考

(1)如果反演结束后,迭代误差超出规范,应如何处理?

(2)思考数据质量对迭代误差的影响,如何提高数据质量?

实验十二　电阻率对称四极测深一维正反演实验

一、实验目的

(1)学习电阻率对称四极测深一维正演计算原理及计算机实现方法。
(2)了解对称四极测深一维反演原理及计算机实现方法。
(3)学会分析电测深曲线形态特征。

二、对称四极测深一维正演原理及步骤

1. 水平地层地面点电源的电位积分表达式

如图 12-1 所示:地表水平,地面下有 n 层水平地层,各层电阻率分别为 $\rho_1,\rho_2,\cdots,\rho_n$,各层厚度分别为 $h_1,h_2,\cdots,h_{n-1}$。各层底面到地表的距离分别为 $H_1,H_2,\cdots,H_{n-1}$、$H_n\to\infty$。

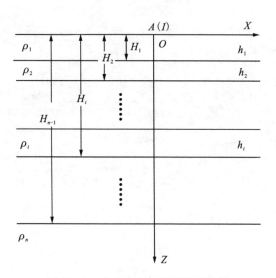

图 12-1　多层水平地层模型示意图

点电源 A 在地面供以电流强度 I,地下电场的分布满足拉普拉斯方程。若将坐标原点选在 A 点,Z 轴垂直向下,建立柱坐标系。由于一维地电条件下的点源电场分布呈 Z 轴对称,与观测点的方位角 φ 无关,故电位满足如下柱坐标系的拉普拉斯方程:

$$\frac{\partial^2 U}{\partial r^2}+\frac{1}{r}\frac{\partial U}{\partial r}+\frac{\partial^2 U}{\partial z^2}=0 \tag{12-1}$$

采用分离变量法对式(12-1)求解,得到地面任意观测点 $M(Z=0)$ 处的电位表达式:

$$U_1(r,0) = \int_0^\infty \left[\frac{\rho_1 I}{2\pi} + 2B_1(m)\right] J_0(mr) \mathrm{d}m \tag{12-2}$$

式中:m 为积分变量,量纲为 $1/\mathrm{m}$;$J_0(mr)$ 为零阶贝塞尔函数;$B_1(m)$ 是积分变量 m 的函数,其与给定的地电断面参数(层数、各层的厚度及电阻率)有关。根据电位所满足的边界条件,可具体求出给定地电条件下函数 $B_1(m)$ 的形式。

2. 电阻率转换函数及其递推公式

令地面电位公式(12-2)中的

$$B_1(m) = \frac{\rho_1 I}{2\pi} B(m) \tag{12-3}$$

则电位公式:

$$U_1(r,0) = \frac{\rho_1 I}{2\pi} \int_0^\infty [1 + 2B(m)] J_0(mr) \mathrm{d}m \tag{12-4}$$

令

$$T_1(m) = \rho_1 [1 + 2B(m)] \tag{12-5}$$

上式可写成:

$$U_1(r) = \frac{I}{2\pi} \int_0^\infty T_1(m) J_0(mr) \mathrm{d}m \tag{12-6}$$

积分核 $T_1(m)$ 称为电阻率转换函数,是积分变量 m 及层参数 $\rho_1, \rho_2, \cdots, \rho_n, h_1, h_2, \cdots, h_{n-1}$ 的已知函数。$B(m)$ 称为核函数。由式(12-3)可知,核函数 $B(m)$ 也是积分变量 m 和层参数的函数。

我们统一规定:当地下存在 n 层水平介质时,$T_1(m)$ 表示地表面的电阻率转换函数。而 $T_i(m)$ 表示将第 i 层以上的各层($i-1, i-2, \cdots, 3, 2, 1$)全部去掉,只存在第 $i, i+1, i+2, \cdots, n-1, n$ 层时,第 i 层介质表面的电阻率转换函数。则

$$T_i(m) = \rho_i \frac{T_{i+1}(m) + \rho_i th(mh_i)}{\rho_i + T_{i+1}(m) th(mh_i)} \tag{12-7}$$

若将第 n 层以上的所有地层去掉,只剩下电阻率为 ρ_n 的一种均匀介质情况下,第 n 层表面的电阻率转换函数为:

$$T_n(m) = \rho_n \tag{12-8}$$

当存在 $n-1$ 和 n 这两层时,

$$T_{n-1}(m) = \rho_{n-1} \frac{\rho_{n-1}(1 - \mathrm{e}^{-2mh_{n-1}}) + \rho_n(1 + \mathrm{e}^{-2mh_{n-1}})}{\rho_{n-1}(1 + \mathrm{e}^{-2mh_{n-1}}) + \rho_n(1 - \mathrm{e}^{-2mh_{n-1}})} \tag{12-9}$$

这样一层层地往上加,可以写出任一层的 T 函数。归纳这些函数可得到:

向上递推公式:

$$T_i(m) = \frac{\rho_i [\rho_i th(mh_i) + T_{i+1}(m)]}{\rho_i + T_{i+1}(m) th(mh_i)} \tag{12-10}$$

向下递推公式:

$$T_{i+1}(m) = \frac{\rho_i [T_i(m) - \rho_i th(mh_i)]}{\rho_i - T_i(m) th(mh_i)} \tag{12-11}$$

因此,当已知各层地层的电阻率以及地层厚度时,则可递推出上层或者下层的电阻率转换

函数。由此可以一层一层地向上叠加,可由式(12-7)求得任意层的电阻率转换函数 $T_i(m)$。

3. 电测深曲线的正演数值计算方法

对式(12-6)两端求微分可得电场强度:

$$E_r = \frac{\partial U_1(r)}{\partial r} = -\frac{I}{2\pi}\int_0^\infty T_1(m) m J_1(mr) \mathrm{d}m \tag{12-12}$$

由此得到当 $MN \rightarrow 0$ 时,对称四极 $AMNB$(或三极 AMN)测深的视电阻率表达式:

$$\rho_s(r) = r^2 \int_0^\infty T_1(m) m J_1(mr) \mathrm{d}m \tag{12-13}$$

式中:r 为供电极距($AB/2$);$J_1(mr)$ 为一阶贝塞尔函数。该式分为两部分,一是包含地下各层所有信息的电阻率转换函数 $T_1(m)$,二是与地层参数无关的贝塞尔函数,虽然没有解析计算结果,但可用线性滤波的方法计算得到。根据电阻率转换函数的变化规律,对 m 的抽样取对数等间隔比较合适,因此,首先令

$$\mathrm{e}^x = mr \tag{12-14}$$

则电阻率的表达式变为:

$$\rho_s(r) = \int_{-\infty}^\infty T_1\left(\frac{\mathrm{e}^x}{r}\right) \mathrm{e}^{2x} J_1(\mathrm{e}^x) \mathrm{d}x \tag{12-15}$$

根据采样定理,一个函数可以用它在等间距离散抽样点上的抽样值表达:

$$f(x) = \sum_{k=-\infty}^\infty f(k\Delta x) \frac{\sin[\pi(x-k\Delta x)/\Delta x]}{\pi(x-k\Delta x)/\Delta x} \tag{12-16}$$

将电阻率装换函数用它在 x 数轴上的离散抽样值表达为:

$$T_1\left(\frac{\mathrm{e}^x}{r}\right) = \sum_{k=-\infty}^\infty T_1\left(\frac{\mathrm{e}^{k\Delta x}}{r}\right) \frac{\sin[\pi(x-k\Delta x)/\Delta x]}{\pi(x-k\Delta x)/\Delta x} \tag{12-17}$$

记

$$C_k = \int_{-\infty}^\infty \frac{\sin[\pi(x-k\Delta x)/\Delta x]}{\pi(x-k\Delta x)/\Delta x} \mathrm{e}^{2x} J_1(\mathrm{e}^x) \mathrm{d}x \tag{12-18}$$

则

$$\rho_s(r) = \sum_{k=-\infty}^\infty T_1\left(\frac{\mathrm{e}^{k\Delta x}}{r}\right) C_k \tag{12-19}$$

将 C_k 预先计算出来,实际上取有限项求和就可以达到足够的精度了。从频谱分析的观点看,当电阻率转换函数用它在 x 数轴上的离散抽样值表达式时,相当于滤取了频率高于 $1/2\Delta x$ 的谐波成分。因此,这种计算视电阻率的方法称为滤波计算方法,C_k 称为滤波系数。为了提高线性滤波计算的精度,减少滤波系数的数目,需要对 x 的抽样点进行位移,实际使用的线性滤波计算视电阻率的公式为:

$$\rho_s(r) = \sum_{k=k_1}^{k_2} T_1\left(\frac{\mathrm{e}^{k\Delta x+d}}{r}\right) C_k \tag{12-20}$$

式中:$\rho_s(r)$ 为供电极距为 r 时的视电阻率;$T_1(\mathrm{e}^{k\Delta x+d}/r)$ 为 $m=\mathrm{e}^{k\Delta x+d}/r$ 时的电阻率转换函数;C_k 为第 k 个滤波系数;Δx 为抽样间隔;d 为位移系数。

实际线性滤波计算常用的抽样间隔有两种。一种为六点式抽样间隔,即 $\Delta x = (\ln 10)/6 = 10^{1/6}$。另一种为十点式抽样间隔,即 $\Delta x = (\ln 10)/10 = 10^{1/10}$。

表 12-1 为常用的一套六点式抽样间隔的滤波系数,共有 20 个系数:$k=1\sim20$,其位移系数 $d=-2.1719$,$e^{-2.1719}=0.11396$。用式(12-20)计算某个供电极距 r 的视电阻率,只要计算 20 个对应于这个供电极距 r 的不同 m 值的电阻率转换函数 $T_1(m_k)$,将其与下表中对应的 20 个滤波系数相乘再求和就可以了。

表 12-1 六点式滤波系数

K	1	2	3	4	5	6	7
C(k)	0.00342	−0.001198	0.01284	0.0235	0.08688	0.2374	0.6194
K	8	9	10	11	12	13	14
C(k)	1.1817	0.4248	−3.4507	2.7044	−1.1324	0.393	−0.1436
K	15	16	17	18	19	20	
C(k)	0.05812	−0.02521	0.01125	−0.004978	0.002072	−0.000318	

4. 电测深曲线的正演数值计算编程实现思路

(1) 输入层参数,包括层数 n、各层的厚度 h_i 和电阻率 ρ_i。

(2) 输入要计算的供电极距的范围,并由此得到 $r=e^{i\Delta x}$ 中 i 的变化范围:$i_{\min}\sim i_{\max}$。

(3) 用递推式(12-19)对每个供电极距 r 循环计算视电阻率转换函数。

(4) 用滤波式(12-20)计算各供电极距对应的视电阻率。

三、对称四极测深一维反演原理及步骤

1. 最优化反演方法原理

电阻率测深数据的自动反演方法可归结为寻找模型 $M(M_j,j=1,2,\cdots,NM)$ 使下面的目标函数 φ 趋于极小:

$$\varphi = \sum_{i=1}^{NS} |\rho_{s_i} - \rho_{a_i}(M)|^\alpha \tag{12-21}$$

式中:ρ_{s_i} 是第 i 个极距的实测视电阻率;$M(M_j,j=1,2,\cdots,NM)$ 是由模型 M 正演计算所得的第 i 个极距的理论视电阻率,$M_j,j=1,2,\cdots,NM$ 是模型参数(地层的电阻率和厚度),NM 是模型参数个数;NS 是供电极距数;α 是范数,当 $\alpha=2$ 时即为最小二乘法。将模型 M 在预测模型处展开,并忽略二次项以上的项,式(12-21)表达可改为求预测模型修改量 ΔM 使目标函数 φ 趋于极小:

$$\varphi = \sum_{i=1}^{NS} \left| \rho_{s_i} - \rho_{a_i} - \sum_{j=1}^{NM} \frac{\partial \rho_{a_i}}{\partial M_j}\Delta M_j \right|^\alpha \tag{12-22}$$

要使式(12-22)趋于极小,则对于各供电极距 $i(i=1,2,\cdots,NS)$ 要满足下面的线性方程:

$$\sum_{j=1}^{NM} \frac{\partial \rho_{a_i}}{\partial M_j}\Delta M_j = \rho_{s_i} - \rho_{a_i} \tag{12-23}$$

解上述线性方程组,就可得到预测模型 M 的修改量 ΔM,于是可得到新的预测模型。计

算新模型的理论视电阻率,与实测视电阻率进行对比,如果精度满足要求,则新的预测模型即为反演结果;否则重新展开,计算模型修改量,直到满足要求。

下面是对反演过程的3个具体问题的具体处理方法。

(1)偏导数的计算。可用差分方法来计算,若取 $\Delta M_j = 0.1 M_j$,则:

$$\frac{\partial \rho_{a_i}}{\partial M_j} = \frac{\rho_{a_i}(M_1, M_2, \cdots, 1.1M_j, \cdots, M_{NM}) - \rho_{a_i}(M_1, M_2, \cdots, M_j, \cdots, M_{NM})}{0.1 M_j} \quad (12-24)$$

(2)模型参数的处理。模型参数中有不同量纲的电阻率和厚度,尤其对电阻率参数,变化范围很大,如果直接由上述方法求解,不但会导致式(12-23)严重病态,而且电阻率和厚度参数的修改量也不会正确,从而导致反演方法不收敛。为了解决这个问题,可对式(12-23)无量纲化。将式(12-24)的偏导数代入式(12-23)中,有:

$$\sum_{j=1}^{NM} 10 [\rho_{a_i}(M_1, M_2, \cdots, 1.1M_j, \cdots, M_{NM}) - \rho_{a_i}(M_1, M_2, \cdots, M_j, \cdots, M_{NM})] \frac{\Delta M_j}{M_j} =$$
$$\rho_{s_i} - \rho_{a_i}(M_1, M_2, \cdots, M_j, \cdots, M_{NM}), i = 1, 2, \cdots, NS \quad (12-25)$$

上式两端同时除以 $\rho_{a_i}(M_1, M_2, \cdots, M_j, \cdots, M_{NM})$ 得:

$$\sum_{j=1}^{NM} 10 \left[\frac{\rho_{a_i}(M_1, M_2, \cdots, 1.1M_j, \cdots, M_{NM})}{\rho_{a_i}(M_1, M_2, \cdots, M_j, \cdots, M_{NM})} - 1 \right] \frac{\Delta M_j}{M_j} = \frac{\rho_{s_i}}{\rho_{a_i}} - 1, i = 1, 2, \cdots, NS \quad (12-26)$$

令

$$A_{ij} = 10 \left[\frac{\rho_{a_i}(M_1, M_2, \cdots, 1.1M_j, \cdots, M_{NM})}{\rho_{a_i}(M_1, M_2, \cdots, M_j, \cdots, M_{NM})} - 1 \right]$$

$$x_j = \frac{\Delta M_j}{M_j}$$

$$B_i = \frac{\rho_{s_i}}{\rho_{a_i}} - 1$$

这样式(12-26)的方程组可写为矩阵形式

$$AX = B \quad (12-27)$$

式12-27中,左端系数矩阵 A 中各系数 A_{ij}、未知向量 X 中各变量 X_j,以及右端向量 B 中各解线性方程组12-27,则可得新模型参数 $M^* (M_j^*, 1, 2, \cdots, NM)$ 为

$$M^* = M_j + \Delta M_j = (1 + x_j) M_j \quad (12-28)$$

另外,为了防止模型参数修改过量,实际过程中又可作如下规定:$x_j > 1.5$ 时取 $x_j = 1.5$,$x_j < -0.5$ 时取 $x_j = -0.5$,即每次修改量不超过原有模型参数值的一半,保证收敛稳定。

(3)线性方程组的求解。用奇异值分解法求解,其基本思想是建立在奇异值分解定理上即任意 $NS \times NM$ 阶矩阵 A 均可分解为 $A = UWV^T$,这里 U 为 $NS \times NS$ 阶正交阵和 V 为 $NM \times NM$ 阶正交阵,W 为 A 的奇异值组成的 $NS \times NM$ 阶对角阵。当 A 非奇异时,奇异值较大,方程组有广义逆解 $X = VW^{-1}U^T B$,当 A 接近奇异时,有的奇异值就较小,此时由于 W^{-1} 中系数过大,上述解的误差就较大。为了解决这个问题,维根斯(Wiggins)提出用最接近 A 的矩阵 R 来代替 A,$R = UW_e V^T$,其中 W_e 是将 W 中小的奇异值用零代替,因此有较精确的广义逆解 $X = VW_e^{-1} U^T B$。

2. 计算机一维反演的编程实现思路

(1)输入实测视电阻率曲线 $\rho_s(r)$。

(2)根据实测视电阻率曲线确定预测模型的层数 n。
(3)根据曲线特征,初步确定预测模型的层参数 $h_i, \rho_i, i=1,2,\cdots,n$。
(4)调用正演程序计算预测模型的视电阻率曲线 $\rho_a(r)$。
(5)对比 $\rho_s(r)$ 和 $\rho_a(r)$ 曲线,计算拟合误差 err。若拟合差满足精度要求,则输出结果,结束计算;否则计算模型修改量 ΔM,得到新的模型参数。
(6)重复步骤(4)、(5)。

四、实验要求

(1)独立完成正演计算程序编写。
(2)设置多种模型参数,计算各模型的一维测深曲线。
(3)完成反演计算程序编写。将正演计算结果加入白噪声后当作输入,进行反演计算。
(4)每人编写一份实验报告。

五、思考

(1)正演计算的精度影响因素有哪些?
(2)反演计算的初始模型该如何选择?

附录一 DDC-8电子自动补偿(电阻率)仪使用说明

DDC-8电子自动补偿(电阻率)仪,是重庆地质仪器厂研制的新一代直流电法仪器,工作时可直接显示所测得的参数值。该仪器广泛用于固体矿产、能源、地下水源调查,用于水文工程、环境的地质调查及工程地质勘探等,是国内地质及工程勘察部门最常用的物探仪器之一。

一、仪器主要特点和功能

(1)全部采用CMOS大规模集成电路,发射、接收一体化,体积小,耗电低,功能多,存储量大。

(2)采用多级滤波及信号增强技术,抗干扰能力强,测量精度高。全密封结构具有防水、防尘、寿命长的特点。

(3)自动进行自然电位、飘移及电极极化补偿。

(4)供电时间(1~59s)可控制并有9种野外常用工作方式选择及其极距常数的输入与计算功能。

(5)接收部分有瞬间过压输入保护能力,发射部分有过压、过流、AB开路和断电保护能力。

(6)具有快速准确的判断出故障所在位置及主要损坏器件的故障诊断程序。

(7)配备的RS-232C接口能与其他微机联机工作。

二、仪器主要技术指标

1. 接收部分

电压测量范围:±3V;
输入阻抗:>8MΩ;
电流测量精度:±1%±1个字;
SP补偿范围:±1V。

电压测量精度:±1%±1个字;
电流测量范围:3A;
对50Hz工频干扰压制优于60dB;

2. 发射部分

最大供电电压:700V;最大供电电流:3A;供电脉冲宽度:1~59s,占空比1:1。

3. 其他

工作温度：-10℃～50℃,95%RH；　　　储存温度：-20℃～60℃；
仪器电源：1号电池（或同样规格的电池）8节；　　重量：<7kg；
体积：300mm×200mm×120mm。

三、仪器结构

1. DDC-8型仪器所有操作部分均位于面板上，面板由下列部分组成

(1)显示器为两行，每行20个字符的点阵式液晶。
(2)26个键的键盘允许进行各种操作和数据输入。
(3)供电接线柱AB。
(4)测量电位接线柱MN。
(5)设有RS-232串行接口。
(6)设有HV高压电源输入接口。

 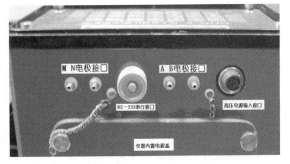

图1　仪器面板　　　　　　　　　图2　仪器接线柱示意图

2. 26个键的功能说明

(1)0～9为数字键，用于输入数据。
(2)小数点键用于输入小数点。
(3) ON ：开机键。正常开机后仪器先进行自检，自检正常后显示"DDC-8"。
(4) OFF ：关机键。
(5) 清除 ：为双功能键，第一功能用来清除输入的数字；第二功能用来清除内存，操作步骤为：首先按住该键，同时打开仪器电源开关，这时屏幕上显示CLEAR?问是否要清内存，如果要再按键，即可清除内存。
(6) 排列 ：用于选择电极排列，压下该键，显示器显示电极排列之一。它和键配合，可以重复显示9种电极排列方式，直至选定的排列。
(7) 时间 ：压下该键，显示器显示TIME=××秒，该键和前进键的配合可完成对测量时间参数的修改。

(8) 极距：用于电极排列参数输入，它与前进键配合送入电极排列的各个参数。

(9) 前进：用于置数和读取测量结果数值，及周而复始地显示预置参数。

(10) +/-：为符号键：用于改变数字符号。

(11) 次数：预置测量周期数，每次测量时，若要修改测量周期，可用此键与前进键配合，达到修改目的。

(12) 电池：电池电压检查键。压下该键进行检查

(13) 自电：测量 MN 电极之间的自然电位。

(14) 联机：用于通过 RS-232 接口与计算机连接。

(15) 调用：用于回放已测数据。

(16) 存储：用于保存测量数据

(17) 测量：用于启动一次供电测量工作。

四、操作说明

1. 开关机

1、按仪器开关 ON 键，显示器显示 DDC-8。

2、按仪器开关 OFF 键，仪器关机。

2. 仪器电池电量测量

按下 电池 键，屏幕显示 BAT＝××V，其中××代表电池电压，电池电压应不得低于 9.6V，否则必须更换电池。工作时应定时检测仪器电池电压，电压过低时，会影响技术指标的测试精度。

3. 自然电位监测

按下仪器面板 自电 键，对测量电极 MN 两端的自然电位差进行测量并显示。单位为 mV。

4. 设置工作参数

工作参数包括测线号、测点号、排列方式、极距常数、供电时间及测量周期。
1) 设置供电时间
操作过程：

按下 时间 键，选择供电时间，仪器初始值为 2s，如要修改可直接输入给定的时间，再按 前进 键即可。表一为仪器能提供的时间范围。

表 1 时间参数

时间	最小值	最大值	初始化值
供电时间	1s	59s	2s

2）设置排列方式

DDC-8 共提供表 2 所列的 8 种排列方式

表 2 排列方式及所需参数

编号	电极排列	缩写	电极排列参数				
			A	B	C	D	E
1	四极垂向电测深	4P-VES	$AB/2$	$MN/2$	PROFIL		
2	三级垂向电测深	3P-VES	OB	$MN/2$	PROFIL		
3	四极剖面	4P-PRFL	$AB/2$	$MN/2$	X	PROFIL	
4	三极剖面	3P-PRFL	OB	$MN/2$	X	PROFIL	
5	中间梯度	RECTCL	X	Y	$AB/2$	$MN/2$	PROFIL
6	偶极-偶极	OIPULE	$X-AB$	$X-MN$	O	PROFIL	
7	地井电法	IP/BUR	H	R			
8	5 极纵轴	5P-VES	AM	AN	AB	PROFIL	
9	输入 K 值	K					

按下 排列 键选择电极排列，系统自动预置初始值的起始位置定位于四极电测深排列，显示器显示 4P-VES，如果要选择其他电极排列，可连续按下 前进 键，直到显示所需的排列为止，例三极电测深显示 3P-VES，在下一次测量时，如果不改变电极排列，可以不进行此操作。

3）设置所选排列的参数

按下 极距 键会要求输入各种极距参数，以计算装置系数 K。如对于四极电测深，显示器显示 $AB/2=××$，这时送入给定的极距如 88，再按 前进 键，显示器显示 $MN/2=××$，再送入给定的参数如 6。再按一次 前进 键，显示 PROFIL＝×× 位置，再输入剖面号如 1，注意对于测深来说，剖面号即为测深点号，然后再按 前进 键，这时显示器显示 K 值，$K=××$。如果发现输入的数据有错，可再按 清除 键，清除已送入的数据，然后再重新输入正确的数值即可，或者也可以在循环状态中依次修改输入错误的数据。

注意：这里 O 一般为测点所在位置，AB 指供电电极极距，MN 指测量电极极距，$PROFIL$ 指测线号，对于四极剖面法 X 为测点号，或忽略不管；对于三极剖面法 X 为无穷远的数值；对于中间梯度法 X/Y 意义如图 3 所示。如果在数据采集过程中，实时的手工记录所采集到的数据,则可以忽略测线号和测点号数值,如果需要通过 RS-232 串口将数据传出,则必须在采集过程中正确输入测点及测线号,考虑到在观测中有重复观测,则在记录纸中应详细记录仪器中测点号与实际测点的对应关系。

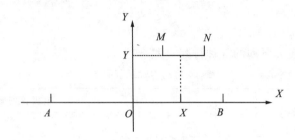

图 3 中间梯度法 XY 参数图示

5. 测量

(1)测量操作过程。测量开始之前应连接好所有电缆并仔细检查正确与否,然后再打开高压供电电源。

(2)按下 测量 键进入测量状态显示 INJECTION,测量结束显示器显示如下:

RO= * *　　　　　V/I=

＊＊＊＊mV　　　　＊＊＊＊mV

(3)一点重复测量只需按下 测量 键即可。

五、操作流程

(1)按照事先讨论好的测量装置,正确将电极、电缆连接。

(2)打开仪器上盖,按下开机键 ON 。

(3)仪器正常启动后,显示 DDC-8,此时按下 电池 键检查主机电池电量,确定是否需要更换电池。

(4)按下 排列 键,并借助 前进 键选择实际工作中使用的装置。

(5)按下 极距 键,并借助 前进 键,顺序输入该装置所需要的各种参数,直到出现装置系数 K 的数值出现。记录 K 值(建议人工利用公式计算 K 值,验证计算结果,检验参数输入过程中是否出现错误)。

(6)再次检查连线,无误后连接电源或打开电源开关。

(7)按下 测量 键,并等待测量结果出现,第一次测量结果显示后,记下数据,并再次按下 测量 键进行重复观测,计算两次观测数据的误差,如果在 5% 范围内,则可以正式记录该测点的数据。记录视电阻率值,供电电流 ΔI 及电位差 ΔU。

(8)按照事先设计的点距进行跑极,进行下一个测点的测量。

注意:如果是剖面法测量,可以不用重新计算装置系数 K,如果是测深法则必须重新计算装置系数 K。

六、操作注意事项

（1）在测量之前必须把输入高压接好，把 AB 供电电极接好，测量电极 MN 接好，要消除接触不良现象。

（2）建议在测量每一条测线时检查一次电池电压。

（3）在输入计算装置系数 K 的参数时，AB/2 及 MN/2 等单位应该是 m，注意在室内水槽实验时长度的单位。

（4）电阻率 R 以 $\Omega \cdot m$ 为单位。

（5）只有输入电极排列参数时才计算电阻率。如果没有输入电极排列参数，显示器显示 $R=\times\times\times$。

（6）只有平均电流大于或等于 0.01mA 时，才计算电阻率值，否则显示器显示，$R=\times\times\times$，$I=0$。（此条可用于判断 A、B 两极的接地好坏）。

（7）自电 $SP>1V$ 时，按下 测量 键，会出现 ERRER，此时需更改 MN 的极距或改善电极接地条件。

七、仪器的维修和保养

如果仪器发生故障可利用本机的诊断程序检查，方法如下：

（1）首先检查电池电压，按电池键，显示 BAT 9.6V 为正常，如果出现忽大忽小或有时不显示，很可能是电池接触不良，也可能是电池盒引线松动。

（2）测量电池电压正常，但测量其他参数不准确或差异很大，故障出现在 A/D 转换之前可检查各运算放大器、滤波器及 D/A 转换情况。

（3）检查各级静态工作点是否正常。

（4）检查程序板各控制信号是否正确送出。

（5）如果发送机部分不工作，检查控制信号是否正常，快速熔断器是否断，VMOS 管是否坏。

（6）如果存储数据保持不住，检查 RAM 芯片是否坏。

（7）行接口不正常：很可能是 MAX233，或 P80C31 坏或性能差。

（8）RAM 器件损坏，显示 ERROR 1N RAM

（9）供电电流大于 3A，显示 ERROR I>3A。

（10）发生过流保护时，显示 PROTECTED。重新测量时，需要关机一次，并将高压断掉，经检查排除故障后，再开机。

附录二 DUK-2 使用说明

DUK-2 是重庆地质仪器厂研制的高密度电法采集设备,同时集成了普通直流电法的功能,通过开机时工作状态的选择(DUK-2 或 DZD-6A),可方便切换仪器的功能,在日常的野外作业中得到了广泛的使用。系统有如下的特点:

(1)本系统是以断面文件为存储单元,一组断面数据及其有关参数,存储在一个断面文件中;一个断面文件是以工作断面号为标志。不同断面文件对应不同的断面号。数据传输时是以断面号为准,不易弄乱。

(2)对同一个测点可进行多次测量,测量的次数是通过输入预置周期次数来实现的,此项措施适用于干扰大的地区。

(3)在测量时,对允许的最大接地电阻可以通过预置给定终止条件参数来实现,这就大大方便了测量工作,提高了测量数据的可靠性。

一、仪器主要技术指标

多路开关(通道转换器)主要技术指标如下:

电极总数:60 或 120 路。

装置方式:温纳四极、施贝1、施贝2、偶极-偶极、联合剖面、微分、二极电阻率成像 CT 法、三极滚动连续测深法及单边三极滚动连续测深等。

极距隔离系数(n)的选择:可根据实际工作的要求,设定最小隔离系数 $n(\min)$ 以及最大隔离系数 $n(\max)$。

用 16 键小键盘结合 80 字符 LCD 显示屏,构成人机对话的操作方式,完成整机工作模式设置、参数输入、状态检查、工作过程监测等功能。

绝缘性能: 500MΩ。

承受电压: 450V DC(用发电机供电时空载电压不得超过 500V,假负载必须接在控制面板直流输出端,即同仪器的高压输入端并联)。

触点导通电阻:<0.1Ω。

允许最大电流:2A。

工作环境条件:温度:−10℃～+50℃;湿度:≤95%。

体积: 300mm×200mm×160mm。

重量: 5.5kg。

电源: 8 节一号干电池。

整机功耗: 50mA(待机状态)。

二、各种装置的具体跑极方式

（一）工作模式一

1. 对称四极装置方式（WN）

它的电极排列规律是（对于 60 道）：A、M、N、B（其中 A、B 是供电电极，M、N 是测量电极），$AM=MN=NB$ 为一个电极间距，随着间隔系数 n 由 n_{min} 逐渐增大到 n_{max}，4 个电极之间的间距也均匀拉开。该装置适用于固定断面扫描测量，其特点是测量断面为倒梯形，电极排列如下。

设电极总数 60，$n_{min}=1$，$n_{max}=16$，每步电极转换的规律如下所述：

第一步：$A=1\sharp$，$M=17\sharp$，$N=33\sharp$，$B=49\sharp$；（即 $n=16$ 最大隔离系数时的电极排列）
第二步：$A=1\sharp$，$M=16\sharp$，$N=31\sharp$，$B=46\sharp$；（即 $n=15$ 时的电极排列）
第三步：$A=1\sharp$，$M=15\sharp$，$N=29\sharp$，$B=43\sharp$；（即 $n=14$ 时的电极排列）
……
第十六步：$A=1\sharp$，$M=2\sharp$，$N=3\sharp$，$B=4\sharp$；（即 $n=1$ 最小隔离系数时的电极排列）

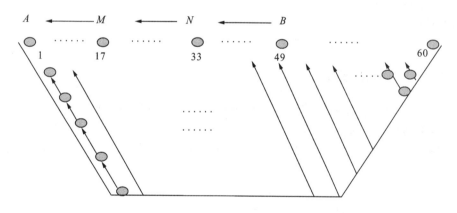

接着，$A=A+1$ 即 A 电极移动到 2 号点位置。此时：
第一步：$A=2\sharp$，$M=18\sharp$，$N=34\sharp$，$B=50\sharp$；
第二步：$A=2\sharp$，$M=17\sharp$，$N=32\sharp$，$B=47\sharp$；
第三步：$A=2\sharp$，$M=16\sharp$，$N=30\sharp$，$B=44\sharp$；
……
第十六步：$A=2\sharp$，$M=3\sharp$，$N=4\sharp$，$B=5\sharp$；

接着，$A=A+1$，即 A 电极移动到 3 号点位置，重复上述第一步至第十六步。如果参数设置中收敛标志为 0，不收敛，则测量到 $A=12\sharp$，$M=28\sharp$，$N=34\sharp$，$B=49\sharp$ 时就结束测量，形成一个 12×16 的平行四边形，方便长剖面的拼接；如果收敛标志为 1，收敛，则继续测量，直到 $A=57\sharp$，$M=58\sharp$，$N=59\sharp$，$B=60\sharp$ 时结束，形成一个倒梯形。

显然，对应每一层位（n）的测量数据个数=$(60-n\times3)$，如果 $n=1\sim16$，16 个层位全部测量得到的完整的一个剖面，数据总数应该是 552 个。

测量展开后，显示屏内容如下：

WM			Mode
	n=16		
A	M	N	B
1	17	33	49

第一行显示采集方式，第二行显示间隔系数 n，第三行显示对称四极的电极排列规律，第四行显示每一步转换所接通的电极序号。

测量结束时，转换器显示屏上给出整个剖面的数据总数，从测量总数的正确与否，可判断出测量是否正常结束。

当实接电极数给定时，每层剖面上的测点数和断面上的总测点数由下式确定：

$$D_n = P_{sum} - (P_a - 1) \cdot n$$

式中：n 为剖面层数；P_{sum} 为实接电极数（测线上电极总数）；P_a 为装置电极数（装置 α、β、γ 排列 $P_a = 4$）；D_n 为剖面 n 上的测点数。

例如，对 α 排列（即温纳），电极数 $P_a = 4$，设测线上电极总数 $P_{sum} = 60$，剖面层数为 16，每层剖面上测点数：$D_n = 60 - (4-1) \times n$

第一层：$D_1 = 60 - 3 \times 1 = 57$；

第十六层：$D_{16} = 60 - 3 \times 16 = 12$；

断面上总的测点数 $= 16 \times (D_1 + D_{16})/2 = 552$。

此公式也适用于 β 排列（偶极-偶极装置），γ 排列（微分装置）

2. 施伦贝谢 1(SB1) 装置模式

该装置适用于变断面连续滚动扫描测量，测量时，M、N 不动，A 逐点向左移动，同时 B 逐点向右移动，得到一条滚动线；接着 A、M、N、B 同时向右移动一个电极，M、N 不动，A 逐点向左移动，同时 B 逐点向右移动，得到另一条滚动线；这样不断滚动测量下去，得到矩形断面。其电极排列如下：

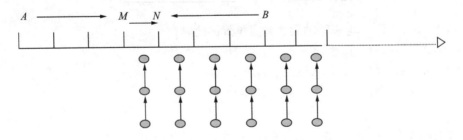

例如测定 3 层时，$M=4\#$，$N=5\#$，$A=1\# \rightarrow 3\#$ 移动，$B=8\# \rightarrow 6\#$ 移动（第一测深点）。

当第二测深点时，$M=5\#$，$N=6\#$，$A=2\# \rightarrow 4\#$，$B=9\# \rightarrow 7\#$ 开始，之后，以此类推。

这种方法分辨率高，效率高，劳动强度低。

3. 施伦贝谢 2(SB2) 装置模式

测量过程类似于温纳装置，但在整个测量过程中 MN 固定为一个点距，AM 和 NB 的距离随间隔系数逐次由小到大变化。同样的,跑极方式为逆向斜测深,经随机的数据处理软件转换成剖面数据。数据按间隔系数由大到小的顺序存储,结果为倒梯形区域。

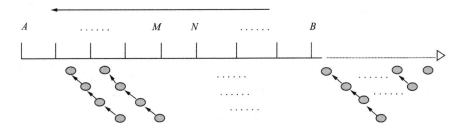

4. 偶极装置测量模式(DP)

该装置适用于固定断面扫描测量,测量时,$AB=BM=MN$ 为最大电极间距,A、B、M、N 逐点同时向左移动,得到第一条测深线;接着 AB、BM、MN 增大一个电极间距,A、B、M、N 逐点同时向左移动,得到另一条测深线;这样不断扫描测量下去,得到倒梯形断面。其电极排列如下:

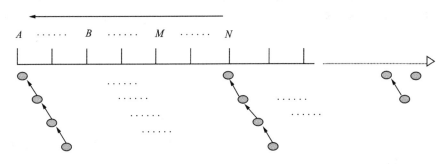

至于每步转换的过程等与温纳法类同,不再赘述。

5. 微分装置模式(DF)

该装置适用于固定断面扫描测量,测量时,$AM=MB=BN$ 为最大电极间距,A、M、B、N 逐点同时向左移动,得到第一条测深线;接着 AM、MB、BN 增大一个电极间距,A、B、M、N 逐点同时向左移动,得到另一条测深线;这样不断扫描测量下去,得到倒梯形断面。其电极排列如下:

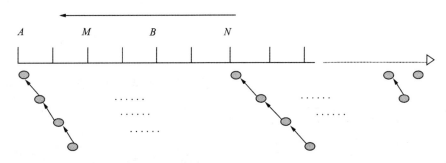

至于每步转换的过程等与温纳法类同,不再赘述。

6. 温施 1 装置模式(WS1)

此模式介于温纳与施伦贝谢之间,适用于固定断面扫描测量,测量得到是矩形的测深剖面,其电极排列如下:

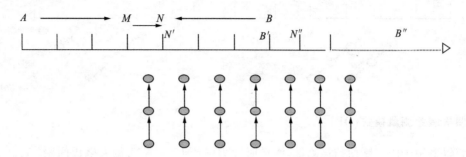

如上图所示,设温施间隔层数为 3,每隔 3 层时 MN 的间距改变一次,在 1～3 层与施贝 1 法跑极类似,4～6 层 MN 间隔变为 $3(MN')$,7～9 层 MN 间隔变为 $5(MN'')$,依此类推。用此方法所接收到的信号幅度大,提高了测量灵敏度。

温施 1 设置温施间隔系数 $CS=3$,设置测量层数为 16 层,每隔 3 层时 MN 的间距改变一次。

1～3 层	A	M	N	B	间隔 $MN=1$,MN 间隔等于一个极距
	16	17	18	19	
	15	17	18	20	
	14	17	18	21	
4～6 层	A	M	N	B	间隔 $MN=3$,MN 间隔等于 3 个极距
	13	16	19	22	
	12	16	19	23	
	11	16	19	24	
7～9 层	A	M	N	B	间隔 $MN=5$,MN 间隔等于 5 个极距
	10	15	20	25	
	9	15	20	26	
	8	15	20	27	
10～12 层	A	M	N	B	间隔 $MN=7$,MN 间隔等于 7 个极距
	7	14	23	28	
	6	14	21	29	
	5	14	21	30	
13～15 层	A	M	N	B	间隔 $MN=9$,MN 间隔等于 9 个极距
	4	13	22	31	
	3	13	22	32	
	2	13	22	33	
16 层	A	M	N	B	间隔 $MN=11$,MN 间隔等于 11 个极距
	1	12	23	34	

7. 温施 2 装置模式(WS2)

假设温施间隔层数(CS)为 3,在 1~3 层与施贝法跑极类似,4~6 层 MN 间隔变为 3,7~9 层变为 5,以此类推,得到一个倒梯形剖面图。

1层	A	M	N	B	间隔 $MN=1$,MN 间隔等于一个极距
	1	2	3	4	每隔 3 层 MN 间隔改变一次,其改变规律为 1、3、5、7、9、11
	2	3	4	5	AM、BN 的间隔随层数递增,每增加
	3	4	5	6	一层,增加一个间隔。
	....				
2层	A	M	N	B	$N=2$
	1	3	4	6	$AM=BM=2$
	2	4	6	8	$MN=1$
	3	6	8	10	

以此类推。

(二)工作模式二

1. 联剖装置测量模式(CB)

它的特点是由 ρ_s^A、ρ_s^B 两组剖面数据组成,首先是 ρ_s^A 装置,电极排列规律是(对于 60 道)A、M、N,而将供电电极 B 固定在无穷远点,所以在测量展开之前,就必须将多路转换器与 DZD-6A 之间连接的 B 电缆断开,而将 DZD-6A 面板上的 B 电缆连接到无穷远点 B 供电极上。该装置适用于固定断面扫描测量,测量时,$AM=MN$ 为一个电极间距,A、M、N 逐点同时向右移动,得到第一条剖面线;接着 AM、MN 增大一个电极间距,A、M、N 逐点同时向右移动,得到另一条剖面线;这样不断扫描测量下去,得到倒梯形断面。其电极排列如下:

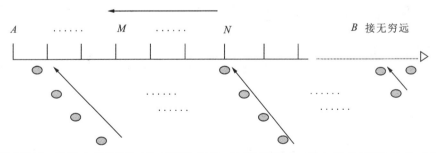

ρ_s^A 测量完毕,系统自动暂停,下面要进行的 ρ_s^B 测量模式,其电极排列特点是:M、N、B,而供电电极 A 要固定到无穷远处,所以在这暂停的间歇时间里,要恢复多路转换器与 DZD-6A 之间的 B 电缆连接,断开它们之间的 A 电缆连接,并把 DZD-6A 面板的 A 电缆连接到无穷远处的供电电极 A 上。一切就绪后,在 DZD-6A 键入"回车"键,ρ_s^B 的测量立即进行。

ρ_s^B 装置也测量完毕之后,联剖装置测量结束。显示出的测量总数应该是上述 ρ_s^A 和 ρ_s^B 两组数据之和,即:如果在电极总数为 60,$n_{\min}=1$,$n_{\max}=16$ 的情况下,联剖的测量数据应该有 $552\times 2=1\,104$ 个。

该装置适用于固定断面扫描测量,测量时,$MN=NB$为一个电极间距,M、N、B逐点同时向右移动,得到第一条剖面线;接着NM、NB增大一个电极间距,M、N、B逐点同时向右移动,得到另一条剖面线;这样不断扫描测量下去,得到倒梯形断面。其电极排列如下:

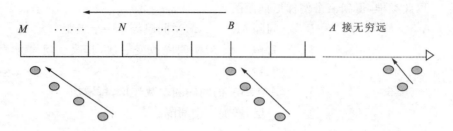

2. 单边三极连续滚动式测深装置(S3P)

该装置适用于变断面连续滚动扫描测量,测量时,N、M不动,A逐点向右移动,得到一条滚动线;接着N、M、A同时向右移动一个电极,M、N不动,A逐点向右移动,得到另一条滚动线;这样不断滚动测量下去,得到矩形断面。

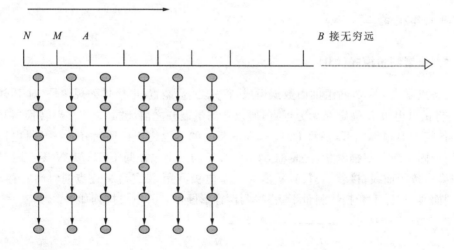

其电极排列如下:

供电电极B置于无穷远处,参与测线上电极转换的是N、M、A。电极转换规律描述(对于60道)如下:

假如测量定位从♯1电极开始,最小间隔系数$n_{\min}=1$,

最大间隔系数$n_{\max}=20$。

首先,$N=♯1$,$M=♯2$,$A=♯3\rightarrow♯22$测得第一组ρ_s^A的数据20个。

然后,测量电极依次往前移一个点距。

接着,$N=♯2$,$M=♯3$,$A=♯4\rightarrow♯23$,测得第二组ρ_s^A的数据20个。

……

每测得一组ρ_s^A之后,测量电极依次往前移一个点距,当移出30个电极之后第一根电缆就已空出,可把它移接到♯61$\rightarrow$♯90电极上;就这样不断往前移动测量,电缆依次腾出,可不断往前接续电极,实现了长测线的滚动测量。

设测线上的电极总数为 60，$n_{\min}=1$，$n_{\max}=20$，则测量数据总数等于：$(60-20-1)\times20=780$，可见这种模式的数据采集量也是较大的，它的特点是能得到一个矩形的测深剖面，而且深部的分辨率也较高。

需特别提出的是，由于该单边三极装置的电极总数不受电极转换器的通道数所限，测量深度可做得较大，对于 60 通道的多路转换器来说，单边三极测深 $n_{\max}$ 可选 58，这是任一种四极装置无法做到的。但随着深度增大，$V_1(M,N)$ 信号也就越微弱，要求提高供电电压，才能保证测量精度。一般情况下，做单边三极时，可取 $n_{\max}=20$。

单边三极解释：利用滚动三极部分解释软件，将测量出的数据的格式按三极滚动法数据格式编排，组成新数据格式（即三极滚动格式）。

如测量 10 层：

$1\sim10$ 个数据作为第一层的 ρ_a。

$11\sim20$ 个数据作为第一层的 $\rho_b(\rho_b=0)$。

$21\sim30$ 个数据作为第二层的 ρ_a。

$31\sim40$ 个数据作为第二层的 $\rho_b(\rho_b=0)$。

依此类推，可以用三极滚动法解释处理。

3. 三极连续滚动式测深法（3P1）

供电电极 B 置于无穷远处，参与测线上电极转换的是 N、M、A。电极转换规律描述（对于 60 道）如下：

假若测量定位从♯1 电极开始，最小间隔系数 $n_{\min}=1$，

最大间隔系数 $n_{\max}=20$。

首先，$N=\sharp1$，$M=\sharp2$，$A=\sharp3\to\sharp22$，测得第一组 ρ_s^A 的数据 20 个。

接着，$N=\sharp21$，$M=\sharp22$，$A=\sharp20\to\sharp1$，测得第一组 ρ_s^B 的数据 20 个。

然后，测量电极依次往前移一个点距，

$N=\sharp2$，$M=\sharp3$，$A=\sharp4\to\sharp23$，测得第二组 ρ_s^A 的数据 20 个。

$N=\sharp22$，$M=\sharp23$，$A=\sharp21\to\sharp2$，测得第二组 ρ_s^B 的数据 20 个。

……

每测得一组 ρ_s^A 和 ρ_s^B 之后，测量电极依次往前移一个点距，当移出 30 个电极之后，第一根电缆就已空出，可把它移接到♯61→♯90 电极上；就这样不断往前移动测量，电缆依次腾出，可不断往前接续电极，实现了长测线的滚动测量。

设测线上的电极总数为 60，$n_{\min}=1$，$n_{\max}=20$，则测量数据总数等于：$(60-20-1)\times(20\times2)=1\,560$，可见这种模式的数据采集量也是较大的，它的特点是能得到一个矩形的测深剖面，而且深部的分辨率也较高。

该装置可做长剖面，如前所述，通过灵活设置起始电极号（CH0），可使测量灵活多变；需特别提出的是，由于该三极装置的电极总数不受多路转换器的通道数所限，测量深度可做得较大，对于 60 通道的多路转换器来说，三极测深 $n_{\max}$ 可选 58，这是任一种四极装置无法做到的。但随着深度增大，$V_1(M,N)$ 信号也就越微弱，要求提高供电电压，才能保证测量精度。一般情况下，做三极时，可取 $n_{\max}=20$。

4. 双边三极斜测深(3P2)

供电电极 B 置于无穷远处，参与测线上的电极转换的是 A、M、N。电极转换规律描述(对于 60 道)如下：

假如测量定位从一号电极开始，最小间隔系数 $n_{\min}=1$，最大间隔系数 $n_{\max}=20$。

首先 $A=\#1,M=\#2,N=\#3$，A 固定不动，然后移动 MN，$M=\#2\to\#21,N=\#3\to\#22$ 移动测得第一组 ρ_s^A 的数据。

接着定位电极 A 往前移一个，$A=\#2,M=\#3,N=\#4,M=\#3\to\#22,N=\#4\to\#23$ 测得第二组 ρ_s^A 的数据。

……

当 ρ_s^A 测完后，才测 ρ_s^B。

测 ρ_s^B 时定位电极 $M=\#20,N=\#21,A=\#22,M=\#20-\#1,N=\#21-\#2$，测得第一组 ρ_s^B 数据。

……

每测得一组 ρ_s^B，定位电极就往前移一个点距，当移出 30 个电极后，第一根电缆就已空出，可把它移到 $\#61\sim\#90$ 电极上；就这样不断往前测量，电缆依次腾出，可不断往前接续电极，实现了长测线的滚动测量。这种模式的数据采集量大，它的特点是能得到一个平行四边形的测深剖面，而且密度大，深部的分辨率较高。

5. 普通二极法(2p1)

布线特点是：供电电极 A 和测量电极 M 在测线上移动，而供电电极 B 和测量电极 N 布置在无穷远处并与测线垂直或延着测线布线。测量结果得到一个倒梯形图形。

测量时电极转换规律为(对于 60 道)：

首先，$A=\#1,M=\#2,\to A=\#2,M=\#3,60$

然后，$A=\#1,M=\#3,\to A=\#2,M=\#4,60$

6. 平行四边形二极法(二极法 2P　2P-2)

B 极和 N 极接无穷远，电极间隔按间隔系数由小到大的顺序等间隔增加，当主机(DZD-6)温施间隔层数(设为 5 或不等于 0 的数时)多路电极转换器(Ⅱ)的温施间隔层数($CS=5$ 或不等于 0 时)，所测出的剖面图为平行四边形，测重方式为斜侧深测量方式，数量存储格式按斜测深点存储。

工作方式如下图(以 5 层为例)：

我们可以一直滚动下去，当需要收验时最终可获得一个收验的倒梯形剖面图形。

在上述参数基本不动的情况下，只要将主机的温施间隔层数(设为 0)，开关温施间隔系数($CS=0$)后，重新分别选择主机和开关的工作模式 2P-2 两极法即可重新测量。

在整个测量过程中，主机随时显示所测量的电压值($V_P=\times\times$)，电流($I=\times\times$)，电阻率($R_s=\times\times$)，并同时显示出被测图形，可供参考。一个剖面测量后，按主机的"模式"键选模式 2，按"2"键，按"6"键，再按"回车"键即可以看某一剖面的存储点数，而多路电极转换器(Ⅱ)上显示该剖面所测(电压、电流、电阻率的存储组数)。

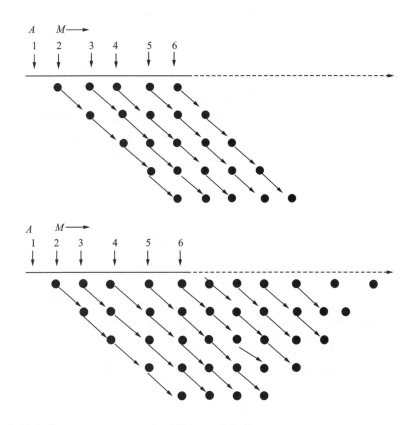

主机上存储点数 $N=3CH$，CH 为开关上显示组数。

野外布极。一个剖面测量完后,可将从 1 号电极起,将(测线上排列电极总数减去测量层数)个电极拨出,按间隔系数(即电极距离)以测线上最后一个电极为准,开始插入第一个电极,依此类推,电极布好后接上大线就可进行测量,此种方法适合工程测量。

4P-4 自由两极法:B 和 N 极接无穷远,电极间距按隔离系数由小到大的顺序等间隔增加,测量方式为斜测深测量方式,数据存储格式按斜测点存储,测出剖面为倒直角三角形,此方法适合做定向电测深。其跑极方式和所设置层数无关(层数可任意测,只与测线上电极排列总数有关)。

以测线上 6 个电极为例：

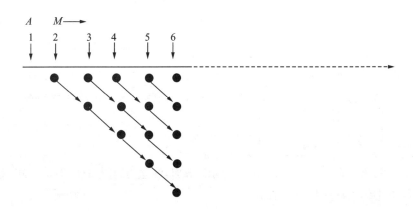

此方法测量深度大,适合找较深的异常体,在施工区域窄小时,可利用较少电极测量较深部的异深体。

7. 环形二极法(2P3)

布极特点是:电极排列成圆形或方形的封闭曲线状,参与电极转换的只有一个供电电极 A 和一个测量电极 M,而另一个供电电极 B 和测量电极 N 都固定在无穷远处。所以要断开多路转换器与 DZD-6A 之间的 B 电缆连接(注意:多路转换器与 DZD-6A 之间的 N 电缆连线不可断开!),而将 DZD-6A 面板上 B 电缆和 N 电缆分别连接到布于无穷远处的 B 电极和 N 电极。

测量时的电极转换规律是(对于60道):

首先,$A=1\#$ 电极,$M=2\#$,→$3\#$,→……→$60\#$;

然后,$A=2\#$ 电极,$M=3\#$,→$4\#$,→……$60\#$,→$1\#$;

……

最后,$A=60\#$ 电极,$M=1\#$,→$2\#$,→……$59\#$。

可见,测量数据总数为 $60\times59=3\,540$,数据量是比较可观的,测量时间也是比较长的。在测量过程中因故中断的现象难以避免,中断后再启动测量,就可通过设置起始电极号(CH0)的办法,使之从中断处继续测量。

需要说明的一点是:该装置模式下,$n_{\min}$,$n_{\max}$ 没有意义,无须设置。

三、测量方式及存储方式示意图

温纳:
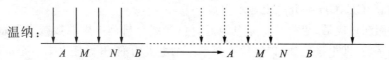

电极间距按隔离系数由小到大的顺序等间隔增加,测量方式为剖面测量方式,数据存储格式按隔离系数由小到大的顺序分层存储。

施贝1:
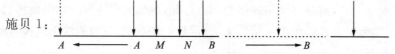

A 与 M、N 与 B 间电极间距按隔离系数由小到大的顺序等间隔增加,M 与 N 间的电极间距保持不变,测量方式为测深测量方式,数据存储格式按测深点存储。

施贝2:
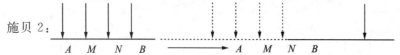

A 与 M,N 与 B 间电极间距按隔离系数由小到大的顺序等间隔增加,M 与 N 间的电极间距保持不变,测量方式为剖面测量方式,数据存储格式按隔离系数由小到大的顺序分层存储。

偶极:
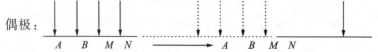

电极间距按隔离系数由小到大的顺序等间隔增加,测量方式为剖面测量方式,数据存储格式按隔离系数由小到大的顺序分层存储。

微分：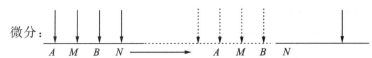

电极间距按隔离系数由小到大的顺序等间隔增加,测量方式为剖面测量方式,数据存储格式按隔离系数由小到大的顺序分层存储。

温施1：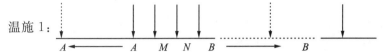

当温施间隔选择为5时,M与N间的间距每隔五层增加2个电极点距(M与N间间距按1、3、5、7……等间隔增加),A与M、N与B间的电极间距按隔离系数由小到大的顺序等间隔增加,测量方式为测深测量方式,数据存储格式按测深点存储。

本测量方式特点为:测出剖面为矩形,测深分辨率高,到深部电压信号比较大,抗干扰能力强,保证了仪器的测量精度。

跑极方式:假设最小间隔系数为1,最大间隔系数为16,温施间隔层数为5,则第一个测深点跑极方式如下：

第一层时,$A=\#16, M=\#17, N=\#18, B=\#19$
第二层时,$A=\#15, M=\#17, N=\#18, B=\#20$
第三层时,$A=\#14, M=\#17, N=\#18, B=\#21$
第四层时,$A=\#13, M=\#17, N=\#18, B=\#22$
第五层时,$A=\#12, M=\#17, N=\#18, B=\#23$
第六层时,$A=\#11, M=\#16, N=\#19, B=\#24$
第七层时,$A=\#10, M=\#16, N=\#19, B=\#25$
第八层时,$A=\#9, M=\#16, N=\#19, B=\#26$
第九层时,$A=\#8, M=\#16, N=\#19, B=\#27$
第十层时,$A=\#7, M=\#16, N=\#19, B=\#28$
第十一层时,$A=\#6, M=\#15, N=\#20, B=\#29$
第十二层时,$A=\#5, M=\#15, N=\#20, B=\#30$
第十三层时,$A=\#4, M=\#15, N=\#20, B=\#31$
第十四层时,$A=\#3, M=\#15, N=\#20, B=\#32$
第十五层时,$A=\#2, M=\#15, N=\#20, B=\#33$
第十六层时,$A=\#1, M=\#14, N=\#21, B=\#34$

第二个测深点跑极方式如下：

第一层时,$A=\#17, M=\#18, N=\#19, B=\#20$
第二层时,$A=\#16, M=\#18, N=\#19, B=\#21$
第三层时,$A=\#15, M=\#18, N=\#19, B=\#22$
第四层时,$A=\#14, M=\#18, N=\#19, B=\#23$
第五层时,$A=\#13, M=\#18, N=\#19, B=\#24$
第六层时,$A=\#12, M=\#17, N=\#20, B=\#25$
第七层时,$A=\#11, M=\#17, N=\#20, B=\#26$
第八层时,$A=\#10, M=\#17, N=\#20, B=\#27$

第九层时,$A=\#9, M=\#17, N=\#20, B=\#28$

第十层时,$A=\#8, M=\#17, N=\#20, B=\#29$

第十一层时,$A=\#7, M=\#16, N=\#21, B=\#30$

第十二层时,$A=\#6, M=\#16, N=\#21, B=\#31$

第十三层时,$A=\#5, M=\#16, N=\#21, B=\#32$

第十四层时,$A=\#4, M=\#16, N=\#21, B=\#33$

第十五层时,$A=\#3, M=\#16, N=\#21, B=\#34$

第十六层时,$A=\#2, M=\#15, N=\#22, B=\#35$

其余测深点跑极方式以此类推。

温施2：

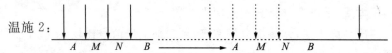

当温施间隔选择为5时,M 与 N 间的间距每隔五层增加2个电极点距(M 与 N 间的间距按1、3、5、7……等间隔增加),A 与 M、N 与 B 间的电极间距按隔离系数由小到大的顺序等间隔增加,测量方式为剖面测量方式,数据存储格式按隔离系数由小到大的顺序分层存储。本测量方式特点为：测深分辨率高,到深部电压信号比较大,抗干扰能力强,保证了仪器的测量精度。

跑极方式(以60道转换器为例)：假设最小间隔为1,最大间隔为16,温施间隔层数为5,则第一个测深点跑极方式如下：

第一层时,$A=\#1, M=\#2, N=\#3, B=\#4 \cdots \rightarrow \cdots A=\#57, M=\#58, N=\#59, B=\#60$

第二层时,$A=\#1, M=\#3, N=\#4, B=\#6 \cdots \rightarrow \cdots A=\#55, M=\#57, N=\#58, B=\#60$

第三层时,$A=\#1, M=\#4, N=\#5, B=\#8 \cdots \rightarrow \cdots A=\#53, M=\#56, N=\#57, B=\#60$

第四层时,$A=\#1, M=\#5, N=\#6, B=\#10 \cdots \rightarrow \cdots A=\#51, M=\#55, N=\#56, B=\#60$

第五层时,$A=\#1, M=\#6, N=\#7, B=\#12 \cdots \rightarrow \cdots A=\#49, M=\#54, N=\#55, B=\#60$

第六层时,$A=\#1, M=\#6, N=\#9, B=\#14 \cdots \rightarrow \cdots A=\#47, M=\#52, N=\#55, B=\#60$

第七层时,$A=\#1, M=\#7, N=\#10, B=\#16 \cdots \rightarrow \cdots A=\#45, M=\#51, N=\#54, B=\#60$

第八层时,$A=\#1, M=\#8, N=\#11, B=\#18 \cdots \rightarrow \cdots A=\#43, M=\#50, N=\#53, B=\#60$

第九层时,$A=\#1, M=\#9, N=\#12, B=\#20 \cdots \rightarrow \cdots A=\#41, M=\#49, N=\#52, B=\#60$

第十层时,$A=\#1, M=\#10, N=\#13, B=\#22 \cdots \rightarrow \cdots A=\#39, M=\#48, N=\#51, B=\#60$

第十一层时,$A=\sharp 1, M=\sharp 10, N=\sharp 15, B=\sharp 24\cdots\rightarrow\cdots A=\sharp 37, M=\sharp 46, N=\sharp 51$, $B=\sharp 60$

第十二层时,$A=\sharp 1, M=\sharp 11, N=\sharp 16, B=\sharp 26\cdots\rightarrow\cdots A=\sharp 35, M=\sharp 45, N=\sharp 50$, $B=\sharp 60$

第十三层时,$A=\sharp 1, M=\sharp 12, N=\sharp 17, B=\sharp 28\cdots\rightarrow\cdots A=\sharp 33, M=\sharp 44, N=\sharp 49$, $B=\sharp 60$

第十四层时,$A=\sharp 1, M=\sharp 13, N=\sharp 18, B=\sharp 30\cdots\rightarrow\cdots A=\sharp 31, M=\sharp 43, N=\sharp 48$, $B=\sharp 60$

第十五层时,$A=\sharp 1, M=\sharp 14, N=\sharp 19, B=\sharp 32\cdots\rightarrow\cdots A=\sharp 29, M=\sharp 42, N=\sharp 47$, $B=\sharp 60$

第十六层时,$A=\sharp 1, M=\sharp 14, N=\sharp 21, B=\sharp 34\cdots\rightarrow\cdots A=\sharp 27, M=\sharp 40, N=\sharp 47$, $B=\sharp 60$

联剖:
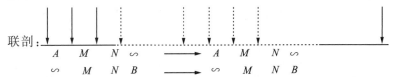

电极间距按隔离系数由小到大的顺序等间隔增加,测量方式为剖面测量方式,测完 ρ_s^A,再测 ρ_s^B,数据存储格式按隔离系数由小到大的顺序分层存储;先存 ρ_s^A 数据,后存 ρ_s^B 数据。测 ρ_s^A 时 B 接无穷远;测 ρ_s^B 时 A 接无穷远。

单边三极:
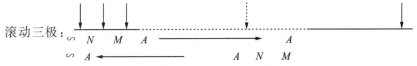

B 接无穷远,A 与 M 间的电极间距按隔离系数由小到大的顺序增加,M 与 N 间的电极间距保持不变,测量方式为测深测量方式,数据存储格式按测深点存储,只测 ρ_s^A,测出剖面为矩形,测量效率高。

滚动三极:

B 接无穷远,A 与 M(或 A 与 N)间的电极间距按隔离系数由小到大的顺序增加,M 与 N 间的电极间距保持不变,测量方式为测深测量方式,测一个 ρ_s^A 测深点,再测一个 ρ_s^B 测深点,数据存储格式按测深点存储,存一个 ρ_s^A 测深点数据,再存一个 ρ_s^B 测深点数据,测出剖面为矩形。

双边三极测深:

B 接无穷远,A 与 M(或 A 与 N)间的电极间距按隔离系数由小到大的顺序增加,M 与 N 间的电极间距保持不变,测量方式为斜测深测量方式,测完 ρ_s^A,再测 ρ_s^B,数据存储格式按斜测深点存储,先存 ρ_s^A 数据,后存 ρ_s^B 数据,测出剖面为平行四边形。

附录三 电阻率法室外场地实验技术规定

本部分内容在校园或其他较平坦的场地内完成,与室内水槽实验不同,本部分涉及较多电法勘查的野外作业技术,为达到更好的场地试验效果,需要学生在试验开始之前认真准备,并能以此指导场地试验的开展,获取符合设计要求的观测数据。

正确的野外作业技术是取得设计精度要求的野外资料的重要保证。野外作业必须按照试验设计书中规定的野外作业技术进行。野外作业技术包括测站布置、导线敷设、电极接地、漏电检查、测站观测、数据记录与野外草图、困难条件下的观测和处理等内容,为最终编写试验报告提供技术资料。

1. 测站布置

测站是野外作业的中枢。剖面测量时,测站位置应尽量靠近观测地段的中心,以便能控制足够多的测区面积。通常可将测站选择在视野开阔、地势平坦、通行方便、避风干燥处。电测深测量的测站及高密度测量的测站则应尽可能布置在测点附近。为避免电磁感应与电源漏电的影响,测站应远离高压输电线及变压器。测站与供电站应采取必要的防潮、防雨和防曝晒措施。

一个野外工作日开始观测之前,应做好下列工作:

(1)当用发电机作电源时,先布置电站,进行发电机试车,观察空载和负载条件下的运转情况;当用干电池作为电源时,应按规定方式接好干电池并检查电池电压。

(2)检查仪器和控制面板线路连接情况。

(3)检查仪器及通信设备的电源:检查各开关旋钮的机械性能和灵活程度;检查通信设备授话和收听的效果。

(4)检查仪器、导线及线架的漏电情况并记录检查结果。

(5)核对各电极点、线号。

(6)接通电源、粗略测试供电回路电阻并进行试供电,选择合适的工作电压、电流,匹配好平衡负载。

经逐项检查,凡不符合技术要求的仪器设备应进行现场处理,直到症状消除且合乎规定的技术要求后,方可进行观测。

2. 导线敷设

自电极和供电站引入测站的导线,都应该分别固定在不同的绝缘物体(如木桩、树干等)上。不得将未固定的导线直接引入仪器或拴在仪器脚架上。

(1)供电导线和测量导线尽可能分列于测线两边,并注意使它们保持一定的距离。对于电剖面测量,当 M 线(或 N 线)的长度小于 1km 时,该间距可为 1~5m;大于 1km 时,应加大到

5～20m。对测深测量,由于通常采用扩展式电极距系列,故测量导线与供电导线的间距不应是固定的,一般以不小于 1/10MN 为宜。对激发极化法测量,测量导线与供电导线的间距都应比电阻率法更大些,因为还要考虑避免电磁耦合的影响。

(2)供电导线和测量导线不允许互相交错;供电导线至少应离开测量电极 2m,同样,测量导线也至少应离开供电电极 2m。

(3)测量导线一般应避免悬空架设,当导线穿越河道、池塘必须架空时,应注意将导线拉紧。无法架空而只能漫水通过的供电导线和测量导线,应事先向测站报告并进行漏电检查。

(4)测量导线应尽可能远离高压输电线。当必须通过时,应使那段测量导线与高压线方向垂直。

(5)电线接头处应确保接头牢固和外皮绝缘良好。

为避免导线损伤,放线时应边走边放,收线时应边走边绕动线架收线,不许拖曳收放线。在导线收放过程中,应随时注意导线有无破损或扭结。破损处应包扎绝缘,扭结处应放松理顺。此外,还应注意尽量不使导线承受过大拉力,当手感力量忽然增大时,切勿硬拉,应及时查明原因。导线通过铁路、公路、河道或村庄时,应采取架空、埋土或从道轨下通过等临时性措施,以无碍车、船、人畜通行和避免导线损伤。

3. 电极接地

电极接地通常应遵守下列原则:

(1)电极应尽量靠近预定接地点标志布设,并应与土层密实接触。当单根电极接地不能满足作业要求时,应采用多根电极的并联组。该电极组通常应垂直测线排列,只有受客观条件限制时才可以绕接地点环形分布或沿测线排列。

(2)供电电极入土深度一般应小于电极至 MN 中点距离长度的 1/20,(保持点源)当电极距很小时,也应不超过 1/10。

(3)当进行剖面测量时单根电极因客观条件限制只能向接地点某一侧偏离时,其垂直测线方向的位移应小于其至 MN 中点距离的 1/220,对测量电极应小于其至 MN 中点距离的 1/120。当不能满足上述要求时,应按一定精度测出其移动后的实际位置,并在记录本上注明,同时重新计算 K 值。

(4)电极组任意电极间的距离应大于 2 倍电极入土深度。不垂直测线或沿测线排列时,电极组在接地点两侧的分布长度应大致相等。为使装置系数 K 的相对误差不超过 1%,电极组中单根电极与预定接地点之间的最大距离 d 应满足:当电极组垂直测线排列时,d 应不大于该电极组至 MN 中点距离的 1/10;当电极组沿测线排列时,d 应不大于该电极组至 MN 中点距离的 1/20;当电极组环形分布时,d 也不应大于该电极组至 MN 中点距离的 1/20。

(5)供电电极的数目应根据供电电流强度和接地条件而定。单根电极通过的电流不应过大,对于直径 2～3cm、入土深度 50cm 左右的电极,通过的电流强度以不超过 0.2A 为宜,以减小电流不稳现象。

电测深测量的电极接地除应遵守上述原则外,为选择优越的供电接地点或者避开障碍物,可以垂直 AB 排列方向移动接地点。供电电极接地点垂直拉线方向移动应不超过 AO(或 BO)的 5%;沿拉线方向移动的距离应不超过 AO 的 1%,这时可不必另外计算 K 值。当接地点附近存在较大面积的障碍物或者接地困难区域时,必须在观测现场改变电极距观测。这时应通知测站,重新计算 K 值。移动一端或两端电极后的四极测深装置,仍应设法使装置保持对称;若 AO 与 BO 不等,则在绘图时将两者极距取平均值。布置测量电极 M、N 时,允许与 AB 的方向有一定的偏离,但偏离角度不得大于 5%。

4. 漏电检查

(1)电法野外观测工作之前和结束之后,均应对仪器和导线的绝缘性能进行系统检查。

(2)仪器的漏电检查。在仪器电源断路的情况下,用 500V 兆欧表分别测定 A 和 B 插孔、M 和 N 插孔、仪器外壳三者之间的绝缘性能,要求测定的电阻值均不小于 100MΩ。若测定的值小于 100MΩ,则认为仪器绝缘性能不合乎规定要求,其漏电影响不容忽视。

(3)开工前对导线的漏电检查,一般是将导线铺于地面上,采用 500V 兆欧表,观测导线对地的漏电电阻。每千米导线的绝缘电阻,对于供电导线,应不小于 2MΩ;对于测量导线,应不小于 5MΩ。

(4)当仪器设备在观测现场无法满足(2)和(3)条所规定的绝缘强度指标时,应进一步对供电系统和测量系统进行下述漏电检查:①供电系统漏电检查一般可轮流断开一供电导线与供电电极的接头,同进观测供电线路中的等效漏电电流强度和测量路线等效漏电电位差(两次电压不同时可按电压正比关系换算成工作电压下的"等效值")。要求两端等效漏电电流强度的总和不超过该点供电电流强度的 1%;两端等效漏电电位差的总和不超过该点观测电位差的 2%,进行漏电检查的电源电压一般不超过 300V;②测量系统漏电检查一般可轮流断开一测量导线与测量电极的接头,供电时测量等效漏电电位差,要求两端等效漏电电位差的总和不超过该点观测电位差的 1%。

(5)当观测过程中发现有不能允许的漏电现象时,测站应着手改善导线、电源、仪器或控制面板的绝缘情况,并根据观测曲线的畸变特征来寻找漏电点位置,分析漏电对已有观测结果的影响程度。绝缘状态改善后,应沿测线逐点返回进行重复观测,直至连续 3 个测点的观测结果符合重复观测的要求时,才能认为此漏电影响已被排除。漏电现象与漏电检查处理结果应记录在记录本备注栏中,作为资料检查、验收的一项重要内容。

5. 测站观测

测站观测的基本观测的技术要求如下。

对电阻率法其基本技术要求为:

(1)供电电压不宜低于 15V,以免因低压供电电极极化缓慢致使供电电流不稳,同时供电电压低将造成极化电压所占比例增大,影响观测精度。

(2)应选择合适的测程来度量输入信号,一般以指针偏转不小于表头刻度的 1/3 为宜。在指针稳定的情况下,其最小读数不应低于满度读数的 1/4。指针不稳定时,最小读数应加倍。

(3)供电电流强度和总场电位差应尽量估读至 3 位有效数字;视电阻率值应算至 3 位有效数字。

电测深野外基本观测的要求除上述几点外,还应注意下列 3 点:

(1)当变换测量极距观测时,应当在测量极距被改变的两相邻供电极距上同时获得两组测量电极距的观测值。

(2)进行大极距观测时,必须使每次观测的供电时间不少于电场的建立时间。电场建立所

2) 重复观测

重复观测是指在读数条件比较困难（仪器表头指针不稳、读数很小、有明显干扰现象已有反常现象）等单次观测难以保证精度的情况下，操作者通过增加观测次数以使最终观测结果符合精度指标的一种观测方式。

对于电阻率法，当读数小于 0.3mV 或 0.3mA 时要进行重复观测。另外，对于电测曲线的突变点，与相邻测线对比显得无规律的测段，亦需进行重复观测。对于电测深作业，当供电电极距超过 500m 时，应进行两次以上的重复观测。重复观测仍属于原始观测之列。

视电阻率的重复观测应符合下列要求：

(1) 在参加统计的一组 ρ_s 观测中，最大值和最小值之差相对于二者的算术平均值应不超过 $\sqrt{2n \cdot M}$。判别式为：

$$\frac{2(\rho_{s_{max}} - \rho_{s_{min}})}{\rho_{s_{max}} + \rho_{s_{min}}} \times 100\% \leqslant \sqrt{2n \cdot M}$$

式中：n 为中参加平均的 ρ_s 值的个数（即一组重复观测数据的个数与被舍弃的观测数据的个数之差）；M 为设计的无位均方相对误差。

(2) 在一组重复观测数据中，误差过大的观测数据可以舍弃，但必须少于总观测次数的 1/3。若超限的观测数据过多，说明可能不具备观测所要求的基本条件，或是操作者本人的观测技术尚存在问题。

(3) 重复观测应改变电流（改变量不限制），但应不改变接地位置及条件。

(4) 重复观测数据应作为原始数据对待，并应对一组重复观测的有效数据进行算术平均值计算，以作为该测点最终的基本观测数据。一组重复观测数据中的有效值和舍弃值都应在相应备栏中注记。

不论何种方法，对工作过程中已发现的异常和曲线畸变，应及时进行实地考察。对所观察到的地质现象，特别是干扰地质体，应估计其干扰电平与实际影响程度，并进而拟定处理方案。这些地质现象应在记录本的备注栏中简要注记。

3) 补增工作量

在野外观测过程中遇到下列某种情况时，应考虑增补工作量。①延伸至测区之外，需要追索的较小异常；②需要掌握细节的有意义异常，需要准确确定出异常曲线特征点位置的异常，例如要求出联合剖面装置测量的交点位置，可加密测点或者变换电极距观测。

8. 检查观测

(1) 检查观测是操作者本人对已完成的原始观测点或极距（对电测深）进行的抽样检查或对质量有疑义的地段或极距的检查。检查观测必须改变原始观测的工作条件，例如重新布置电极、改变电极接地状况等。

在一测量段的观测完成后（也可在观测过程中），操作者应对观测完成的点（或极距）进行数量不少于 5% 的检查观测。视具体情况还可增加一定工作量。

剖面测量的检查观测以曲线特征点、畸变段以及位于典型地电断面的测线等为主要对象，也应对正常背景地段做适量的检查。

对电测深作业，当野外观测的计算结果在电测深曲线草图上形成突变点时，应及时检查分析，以确定可能导致观测错误的原因，并设法纠正（当电测无误时，应考虑是否为极距不准引

需的时间 t 可按以下经验公式求得：

$$t=\frac{2\pi L^2}{10\rho_s}(s)$$

式中：L 为供电电极 AO，单位为 km；ρ_s 为相应供电电极距的视电阻率观测值，单位为 $\Omega \cdot m$。当极距较大时，要注意因供电时间过长可能引起的测量电极的极差变化、大地电场的变化以及电池组的电源不稳定等情况。

(3)供电极距 AO 大于 1 000m 时的所有读数应进行重复观测，并以其平均值作为最终的基本观测值。重复观测的要求后面将会叙述。

6. 数据记录与野外草图

(1)野外观测现场的全部观测数据都应该如实地记录在专用记录本上。记录本除记录原始数据及记录与观测有关的事项外，不得兼作他种用途。记录本不允许空页、撕页或者粘贴注记。

(2)记录本中的各分类事项应认真填写，不得遗漏。各种数据应在观测现场及时记录，事后不得追记或修改，也不准以转抄的结果代替原始观测记录。

(3)数据记录时只允许使用中等硬度(2H 或 3H)的铅笔。要求记录得正确、工整，字迹清晰，原始数据不得涂改或擦改，记错了的数据必须划去重记，并在备注中注明原因。

(4)剖面测量的草图绘在方格纸上，其上应标明测区、比例尺、剖面号、剖面方位、测点号、装置形式和观测日期。必要时还应该将所发现的干扰影响注在草图的相应位置。野外工作日结束，观测者与记录者应审查记录并签名，以示负责。

电测深野外作业的草图绘在 6.25cm 模数的不透明双对数坐标纸上，并应注明电测深点号、电极排列方向、各组 MN 值、起始极距的 ρ_s 值、观测日期、操作者和记录者的姓名。

7. 困难条件下的观测和处理

1)基本观测

在野外观测现场，当干扰影响造成观测困难甚至破坏正常观测时，应首先检查仪器设备的性能；当确信仪器设备为正常工作状态，影响观测的原因来自仪器外部时，应根据干扰的各种表象特征来判断干扰原因，并拟定相应的处理措施。

(1)仪器无输出或指针满度超格，极化补偿失灵，表明测量回路不通。

(2)"极化不稳"，即指针匀速向一个方向偏转。当测量电极布设于流水、腐植层，或与地中金属导体接触，测量导线破损致使铜丝直接接地，以及两测量电极间温差过大时，都可能引起上述现象。

(3)指针运动迟缓，极化补偿时指针运动滞后于操作动作，小测程挡灵敏度降低，往往反映测量电极的接地电阻过大。

(4)指针呈无规律摆动、小幅度抖动或不间歇地左右漂浮，但测量电极正常。这可能是机械振动、严重漏电、导线摆动产生的感生电动势、大地电流或工业游散电流的干扰。

对上述干扰中的一些，若讲究循章作业和对症处理，是可能避免或减小其影响程度的；工业游散电流的干扰，应在实践过程中摸索抑制和消除的途径。当外部干扰不致影响观测时，可适当增加重复观测的次数；当严重影响观测数据而又无法避免时，应停止野外现场观测工作。

主要参考文献

傅良魁.电法勘探教程[M].北京:地质出版社,1983.
傅良魁.应用地球物理教程——电法、放射性、地热[M].北京:地质出版社,1991.
张胜业,潘玉玲.应用地球物理学原理[M].武汉:中国地质大学出版社,2004.
刘天佑.应用地球物理数据采集与处理[M].武汉:中国地质大学出版社,2004.
程志平.电法勘探教程[M].北京:冶金工业出版社,2007
王传雷.地球物理学北戴河教学实习指导书[M].武汉:中国地质大学出版社,2012.
中华人民共和国国土资源部.DZ/T 0073—2016 电阻率剖面法技术规程[S].北京:地质出版社,2016.
中华人民共和国国土资源部.DZ/T 0070—2016 时间域激发极化法技术规程[S].北京:地质出版社,2016.

起)。无论是否发现曲线突变的原因,都应当改变野外观测现场的某些工作条件,重测几组数据。当重复观测不超过规定时,应检查两相邻电极距的观测结果,或者在两相邻电极距之间增设新的电极距观测,以便进一步查明突变点性质。当变换测量极距观测引起电测深曲线变异(交叉、喇叭口或脱节),且曲线距离超过 4mm 时,应连续在 3~4 个供电极距上用两种测量极距观测。

(2)检查完毕,应计算原始观测数据与检查观测数据之间的误差。对电阻率法计算相对误差 v_i,其公式为:

$$v_i = \frac{|\rho_{s_i} - \rho'_{s_i}|}{\overline{\rho_{s_i}}} \times 100\%$$

式中 ρ_{s_i} 与 ρ'_{s_i} 分别为原始观测与检查观测的视电阻率值,$\overline{\rho_{s_i}}$ 为 ρ_{s_i} 和 ρ'_{s_i} 的平均值,v_i 一般应达到无位均方相对误差的精度要求。

(3)当检查误差超限时,不允许简单地进行多次观测取数。检查观测需要进行重复观测时,也应按上述重复观测的有关规定执行。检查观测应较原始观测更为严格。当分析与查明原始观测数据确定有误的原因之后,可以用检查观测数据代替原始观测数据。

(4)检查观测结果应逐日统计,分区段计算误差。检查观测与原始观测数据计算统计的误差,不作为衡量测区观测质量的一项指标,但可以作为分析工作质量情况的一种参考量。